心智·新思

意识

心智的基本奥秘

CONSCIOUS: A Brief Guide to the Fundamental Mystery of the Mind

［美］安娜卡·哈里斯
（Annaka Harris）
著

杨 晨
译

中国人民大学出版社
·北京·

献给萨姆、艾玛和维奥莱特

目　录

第一章　视之不见的谜团 / 001

第二章　直觉与幻觉 / 009

第三章　意识是否自由？ / 021

第四章　袖手旁观 / 033

第五章　我们是谁？ / 043

第六章　意识是否无处不在？ / 061

第七章　泛心论之外 / 083

第八章　意识与时间 / 099

致　谢 / 109

注　释 / 113

索　引 / 127

第一章
视之不见的谜团

我们天生就能体验到意识,这反而使我们很少注意当中的奇妙之处。意识就是**体验**,因此我们很容易忽略一个每时每刻都在面对的深刻问题:为什么宇宙中的这一团物质会拥有意识?我们对这个谜团视而不见,仿佛意识存在是件天经地义的事情,抑或是复杂生命的必然结果。但如果仔细思考,就会发觉它其实是实在(reality)之中最怪异的一种现象。

思索意识和思索时间的本质、物质的起源一样,使我们感到愉悦,激起我们对自身、对周遭世界的强烈好奇。我还记得儿时仰望天空的感受:平时那种"脚下大地,头上青天"的**感觉**并不完全准确。令我感到奇怪的是,尽管已经知道重力将我们拉向地球,而且地球在围绕太阳公转——因此也就没有真正的"上""下"之分——但"脚下大地,头上青天"的感觉却始终保持不变。为了改变这种观念，我有时会躺在地上、伸开四肢，尽力将天空和地平线揽入怀中。我希望摆脱"在头顶的星月之下"这类感觉，于是放松全身肌肉，任由地球的力量将我牢牢钉在地面，并将思绪集中于此时的情况：**我在一颗巨球表面，随它飘荡在宇宙之中，也就是在重力牵引下遨游**。我这么躺着，感到自己在望向天外，而不是天上。于是我感到快乐，因为我暂时压制了错误的直觉，窥见了更深层的真理：身处地球，并不会将我们和宇宙的其他部分分开；我们其实一直在外太空之中。

本书将重新整理我们对周遭世界产生的各种假定。有些事实非常重要却极度违反直觉（物质大部分由真空构成；地球是个旋转的球体，是银河系几十亿个恒星系统中的一员；微生物会引起疾病；等等），需要我们一次次回想，直到它们融入我们的文化，成为新思考的基础。其中，"意识的根源"占据着特殊的位置，它是个让无数哲学家和科学家大费脑筋的谜团。本书的目的，就是向大家传达探索意识的兴奋之感，展现意识的惊人之处。

不过，我们首先要确定意识是什么，才能提出相关的问题。"意识"有许多含义，可以用来形容神志清醒、对自我的感受、反思的能力等。但若要提取意识最核心的神秘性质，就必须锁定是什么让它如此特别。哲学家托马斯·内格尔（Thomas Nagel）在名篇《成为蝙蝠是什么感觉》（What Is It Like to Be a Bat?）中为意识给出了最基本的定义，本书即以此为标准。内格尔观点的实质是：

> 如果存在成为某个有机体是什么样的体验，那么这个有机体就是有意识的。[1]

换句话说，意识就是体验的最基本形式。成为此刻的你是什么样的体验存在吗？你大概会回答"存在"。那么，成为你所坐的椅子是什么样的体验存在吗？你（很可能）同样会肯定地回答"不存在"。是否存在某种体验——这个简单的区分构成了"意识"的内涵——我们可以把它当作参考标准。成为沙砾、细菌、橡树、蠕虫、蚂蚁、老鼠、狗是什么样的体验存在吗？在这个列表中，某一节点之后的答案是"存在"，而最大的谜团则是，为什么宇宙中的这一团物质得到了"点拨"。

我们还可以追问：意识是在个体发育的哪个时刻闪现而出的？试想一个刚发育几天、总共不过两百多个细胞的人类胚泡，我们认为此时**不存在**成为这种微观细胞组织的体验。但随着时间推移，胚胎的细胞数量成倍增长，逐渐生长为具有人脑的人类胎儿。它尽管仍在子宫，却已经能够感知光线的变化、辨认母亲的声音。计算机同样能够感知光线、辨认声音，但胎儿的不同之处是，它的这些过程伴随着对光和声音的**体验**。当胎儿的大脑发育到某个阶段时，直觉突然告诉你："好，此刻那里产生了**体验**"——谜团就隐藏在这一转变之中。原本并没有所谓的意识，然而在那一刻，突然像变戏法一样，出现了**什么**。不论这个"什么"最初多么微小，体验都毫无疑问在没有生命的世界中点亮了星火，突然显现于黑暗之中。

归根结底，胎儿也由粒子组成，这些粒子与环绕太阳旋转的物质并无差别。组成我们身体的粒子也曾经构成了宇宙中无数的恒星，它们跨越几十亿年来到这里，构成了"你"这个特别的形态，并在此时阅读着本书。试着想象一下这些粒子的经历吧：起初，它们诞生于时空之中；此刻，它们则排列成某种形式，产生了**体验**。

哲学家丽贝卡·戈尔茨坦（Rebecca Goldstein）以精彩、明晰而又诙谐的笔触描绘了这个谜团：

意识，当然是个物质的问题——不然还能是什么呢？毕竟我们都**是**物质啊。不过，一大块物质拥有内部生活的事实……依然不同于我们所知的物质的其他性质，更别说怎么解释了。物质的运动定律可以推出**这些**、推出**这一切**吗？物质怎么就突然"觉醒"、理解这个世界了呢？[2]

物质变得具有意识，简直和创世之初物质与能量凭空产生一样神秘。意识之谜堪比人类思维无从解决的最难谜题：某物如何从无物中出现？[3] 同理还有：体验如何在无感知的物质中产生？澳大利亚哲学家大卫·查尔默斯（David Chalmers）为这个问题起了个名字，即著名的意识"难题"（hard problem）。[4] 相比解释动物行为或是厘清大脑某个过程会产生哪些功能的"简单问题"，意识难题要解释为什么某些物理过程会伴随相应的体验。

那么，为什么某些物质构型会点亮意识呢？

第二章

直觉与幻觉

既然我们有了"意识"的有效定义，又知道了其中蕴含的谜团，那么就可以给一些公认的直觉祛祛魅了。大体上说，我们的直觉受到自然选择的塑造，可以向我们快速传达救命信息，这种直觉在现代生活中仍在为我们保驾护航。例如，我们能下意识地察觉紧急情况下身边的各种因素，由此对危险做出评估。比如，与某人走进电梯间前产生不该进去的感觉——尽管我们说不出个所以然。大脑常常在处理各种有用的线索，而我们可能根本意识不到：走向电梯间的那个人面部潮红，或是瞳孔放大（这些都是情绪亢奋、将要施暴的信号）；楼里那扇平时紧闭的门，此时却半开着。我们知道情况危险，但不需要知道我们是怎么知道的、为什么会知道。直觉也会通过学习、文化熏陶等外界因素而改变。有时，我们在生活抉择方面有不错的直觉——比如决定租哪间公寓。

大脑接收相关信息，经过无意识的思考过程产生了这些直觉。实际上，研究表明"内心的感觉"在许多情况下比深思熟虑的结论更可靠。[1]

但内心也会欺骗我们。"错误的直觉"会以各种各样的方式产生，在需要理解与思考的领域（比如科学与哲学）尤甚，它们在进化的预料之外。以概率与统计学为例，直觉的无用可谓人尽皆知：很多人害怕坐飞机，但统计事实表明，我们要每天飞一次、连飞大约55000年才会遇到一次致命空难（值得一提的是，我们平日开车去杂货铺时通常不会感到恐慌，但这类旅途的安全系数其实比坐飞机要低好几个数量级）。[2]我们的直觉很少与最基本的科学事实保持一致——我们觉得大地是平的，而天文学观测的突破进展给出了否定的结论。在量子物理等研究领域，直觉非但无用，还会阻碍学科进步。简单地说，直觉就是一种认为某件事正确的强烈感觉，我们对它背后的原因既不知道也不理解，它可能表达了世界的某种事实，也可能与此相反。

本章将考察直觉对"某物是否有意义"所下的判断。我们会发现，有些看似显然的答案其实经不起推敲。我想从两个初看上去很容易回答的问题入手。请留意并记住你的第一反应,之后在探究某些典型的直觉与幻觉时,还会用到它们。

1. 对于已知存在意识体验的系统(即人脑),我们可以从外部检测到哪些意识存在的证据?
2. 我们的行为必须要有意识参与吗?

这两个问题在几个重要方面有共通之处,但分开处理能给出更多的有用信息。首先,意识体验完全可以没有任何外在表现(仅存在于脑中)。举一个极端的例子:闭锁综合征(locked-in syndrome)。这是一种神经系统疾病,患者全身瘫痪,唯独意识完好无损。这种疾病因法国杂志 ELLE 原主编让-多米尼克·鲍比(Jean-Dominique Bauby)而广为人知,他想到了一种巧妙的方法,记录下了自己在"闭锁"期间的故事。鲍比是因为中风而导致瘫痪,只剩左眼还能眨动。所幸看护人注意到了他想要交流的举动。一段时间后,二人拟定了一套交流方法,鲍比得以通过不同的眨眼方式拼出单词,由此也揭露了他的意识全貌。他在 1997 年出版了回忆录《潜水钟与蝴蝶》(The Diving Bell and the Butterfly),讲述了自己这段可怕又痛苦的体验——这本书用了大约

20万次眨眼写成。当然，我们大概可以认为，即使他的左眼皮也瘫痪了，他的意识依然不会有丝毫改变。而如果不能眨眼，他就彻底失去了一切表明自己完全清醒的交流方式。

另一种身体被禁锢的状况叫"麻醉觉醒"（anesthesia awareness），指外科手术中被施以全身麻醉的病人只是身体动不了，意识却没有丧失的情况。处在这种状态下的人简直就是在经历一场噩梦，他们能感受到手术过程的每一次操作，比如摘除脏器这样的剧痛，却无法做出动作或表达他们仍旧头脑清醒、正在受苦。这两个例子仿佛出自恐怖电影，不过我们也可以想象不那么吓人的情形，即拥有意识心智，但缺乏表达的方式——这是人工智能（AI）可能出现的情况。例如，一套高级的人工智能系统产生了意识，但没有告知我们的手段，使我们相信这件事。不过有一点可以确定，生动的意识体验可以在不被外界探知的情况下存在。

现在我们再来回答第一个问题：意识存在的证据有哪些？我们大体认为，我们可以通过观察有机体的行为来判断它是否拥有意识。大多数人会做出这样一个符合直觉的简单猜想：人有意识，而植物没有意识。我们就用它作为出发点。大多数人坚定地认同这个观点,而且也有可靠的科学依据使人相信它是对的。在我们的认识中,没有脑或中枢神经系统,就不会产生意识。那么,我们能找到什么样的证据和行为,证明人和植物的体验差异呢?试看我们通常划归给有意识生命的几类行为,比如对身体受伤做出反应、关心他人等。研究表明,植物也能以复杂的方式做出这类行为。当然,我们认为植物这么做时并不能感觉到疼痛和爱意(也就是没有意识参与)。但人类和植物在某些行为上非常相似的事实,已然动摇了我们用特定行为证明意识体验的合理性。

丹尼尔·查莫维茨(Daniel Chamovitz)在《植物知道生命的答案》(*What a Plant Knows: A Field Guide to the Senses*)一书中,以详尽的笔墨描述了植物在外界刺激(如触碰、光、热等)的作用下如何做出与动物在类似情形下相近的反应。植物能够通过触碰感知环境,并用其他方式探知附近的温度等情况。其实,植物对触碰有反应是件稀松平常的事:葡萄藤在感知身边存在可攀附的物体后,会加快生长速度、改变生长方向;还有著名的捕蝇草,它能够分辨大雨滴、强风和试探着靠近的美味昆虫与青蛙,使捕虫夹不会因前两者合上,又能在后两者出现时在 0.1 秒内迅速闭合。

查莫维茨解释说，植物细胞受刺激后会发生变化，产生电信号，类似于动物的神经细胞受激时的反应。而且，"与动物的情况类似，这些信号会在细胞间传递，并且需要由钾、钙、钙调蛋白等植物组分构成的离子通道协同作用"。[3] 查莫维茨还讲述了植物和动物在 DNA 层面共有的机制。他在研究中发现某些基因能够使植物确定自己是否处于黑暗环境，而人类的 DNA 也包含这些基因。在动物体内，这些基因管控着动物对光线的反应，还会影响"细胞分裂、神经元轴突生长、免疫系统发挥功能的时机"。植物也有探知声音、气味、地点，甚至形成记忆的机制。查莫维茨在一次接受《科学美国人》(Scientific American) 的访谈时讲述了不同类型的记忆在植物行为中起到的作用：

> 如果记忆指的是形成记忆（信息编码）、保持记忆（信息存储）、回想记忆（信息提取），那么植物无疑具有记忆。例如，捕蝇草的捕虫夹必须在两根感觉毛都被昆虫触碰时才会闭合，所以它要记住先被触碰的那一根。……小麦幼苗能记住它们度过了冬天，然后才会开花结籽。一些受压植物产生的子代，对同样的压力抗性更高。近

日，在动物中也发现了跨代记忆的现象。[4]

生态学家苏珊娜·西马德（Suzanne Simard）从事森林生态研究，她的工作为我们理解树木之间的交流带来了突破。她在 2016 年做了一场 TED 演讲，讲述了自己在研究菌根网络的过程中，发现两种树之间存在相互依存关系时的激动之情。菌根网络是真菌形成的复杂地下网络，它们将一株株植物相连，传递水、碳、氮等营养和矿物质。西马德研究了花旗松和纸桦的碳浓度，发现这两种树存在着"活跃的双向交流"。夏季期间，花旗松需要更多的碳，纸桦就会向它多输送碳；其他时候，花旗松虽然也在生长，但纸桦因为落叶而需要更多的碳，花旗松便会向它多输送碳。这说明两种树是相互依存的关系。西马德的后续研究同样让人惊讶：花旗松的"树母"（mother trees）能分辨自己的后代和附近陌生植物的子嗣。她发现，树母会在自己后代那里构建更大的菌根网络，在地下向它们输送更多的碳。树母还会"减少自己的根系竞争，为子嗣腾出空间"，并在受伤或将死之时用碳向子嗣传递信息或其他防御信号，提醒它们加强抵御当地环境的威胁。[5] 同样，植物还能通过地下的真菌网络散播毒素，击退入侵物种。这些菌根网络因为内部关联繁复、功能齐全，被誉为"地球的天然互联网"。[6]

我们依然容易想象，植物在表现出上述行为时，并不存在成为植物**是什么样**的体验，所以复杂的行为不一定说明相应的系统拥有意识。我们可以换一个角度提问，探查直觉对行为的看法："系统是否需要意识才能做出某种行为？"比如，高级机器人在看到主人哭泣时，是否需要拥有意识，才会拍拍主人的背，以示安慰？也许大部分人会说"不需要"。现在已经有技术公司创造了与人声无异的计算机语音。[7]如果有朝一日我们设计的人工智能说出"请住手，你弄疼我了"这样的话，那么这究竟是意识存在的证据呢，还是仍未开智的复杂程序而已呢？

又如，谷歌现在能越来越准确地猜中我们想要搜索什么内容，微软的Outlook软件能为我们应该向谁抄送邮件提出建议；对于它们背后的算法，我们认为是没有意识的。当电脑弹出约翰叔叔的联系方式、提醒我们把他加进宝宝周岁通知邮件的收件人名单里时，软件显然知道你在给爸爸和珍妮堂妹发送邮件时经常会抄送约翰叔叔，但我们绝不会感动地说："太谢谢你了，你想得真周到！"不过可以确信，今后的深度学习技术能够让机器说出看似具有意识思维与情绪的话（这会让它们大大增加操控人类的能力）。

问题在于，任何行为，哪怕与情绪相关，都可以是有意识或无意识的。因此，行为本身并不能作为意识存在的信号。

于是乎，我们对问题1"意识存在的证据有哪些？"的本能回答不复成立。由此我们来到问题2："意识是不是拥有意识的物质系统的根本功能，是否会对它有所影响？"[8]理论上，我可以在没有意识体验的情况下做任何事、说任何话，就像高级机器人一样（我承认这不太好想象）。这便是"哲学僵尸"（philosophical zombie）的核心观点，这个思想实验因大卫·查尔默斯而出名。查尔默斯提出，每个人都可以被设想为"僵尸"——外观、举止等一切外在表现都和正常人无异，但内心不存在任何体验。这个思想实验引起了争议，有一些哲学家，尤其是塔夫茨大学的丹尼尔·丹尼特（Daniel Dennett）认为这种情况不可能成立，因为功能完备的人脑一定拥有意识。不过，这种想象的"僵尸"依然值得我们从理论上思考一番，因为它能让我们确定哪些行为**必定伴随着意识**。

对此，我们的目的是尽可能找出各种错误的假设。不论上述"僵尸"是否违背自然法则，这个思想实验都很有用处。设想你身边的某个人就是无意识的僵尸或人工智能（他可以是柜台后的陌生人，也可以是你的密友）。

只要你认为他的某个举动背后伴随着某种内在体验，就问自己一句"为什么"：意识在这个举动中起到了怎样的作用？试想这位僵尸朋友目击了一场交通事故，他像其他人一样忧心，并拿出手机呼叫了救护车。这些是否有可能是表面功夫，他其实没有体验到焦虑和关切，或是没有发生促使他打电话、描述现场状况的意识思维过程？如果他是一个机器人，感受不到任何让他这么做的体验，那么这些事还会发生吗？

我发现，僵尸思想实验还给我们的思考带来了意外的影响。一旦我们设想人类的行为可以脱离意识而存在，这些行为就变得更像自然界中许多一直被我们认为是无意识的行为。比如海星会回避障碍物，但它并没有中枢神经系统。[9] 换句话说，一旦我们诱使自己设想人类没有意识，那么我们就会开始怀疑，我们认为其他生命（如攀墙的常春藤、刺人的海葵等）没有意识，是否也是一直在自欺欺人。我们的直觉根深蒂固，因此坚定地认为与我们行为类似的系统都拥有意识，而其他的都没有。但僵尸思想实验向我们生动地表明，上述由直觉得出的结论并没有事实依据。它就像三维影像，待我们摘下立体眼镜后便不复存在。

第三章
意识是否自由?

在日常生活中，我们体验到的似乎是由当下事件串联而成的连续流动。然而，我们对现实事件的意识其实会稍**晚**于它们发生的时间。实际上，神经科学最令人惊奇的一个发现，就是意识往往"在最后才知道"。视觉、听觉等各类感官的信息在世界（和神经系统）中的传播速度各不相同。例如，网球打在球拍上时的光和声音不会同时到达你的眼睛和耳朵，你握着球拍的那只手所感受到的冲力还要更晚一些。更复杂的是，你的手、眼睛、耳朵接收的信号在到达大脑之前，沿神经系统传递的距离也不同（你的手到大脑的距离比耳朵到大脑的距离远很多）。唯有所有相关信号都被大脑接收之后，它们才会经过"绑定"处理变得同步，成为你的意识体验——由此，你才会同时看到、听到、感受到网球打在拍子上这件事。神经科学家大卫·伊格曼（David Eagleman）是这么说的：

> 我们感知到的现实是经过精巧剪辑得到的结果：大脑隐藏了信息到达的时间差。怎么说呢？它提供的现实其实是延迟了的版本。大脑要集齐感官的所有信息，然后才确定发生了什么事。……由此便得到一个奇怪的结论：我们都活在过去。在你意识到事情发生时，它已经过去许久了。为了将感官输入的信息加以同步，我们付出的代价是意识永远落后于现实世界。[1]

出乎意料的是，意识与我们的行为似乎也没有多少瓜葛，只是行为的见证。这方面有许多精彩的研究，神经科学家迈克尔·加扎尼加（Michael Gazzaniga）在《心智的过去》（*The Mind's Past*）一书的"大脑先于你知道"一章（这一章名副其实）详细地描述了其中的一些实验。部分实验［多是加利福尼亚大学旧金山分校的本杰明·利贝特（Benjamin Libet）主导的经典实验］证明，大脑在意识到做出动作的决定前，就已经让复杂的运动神经做好了准备。实验中，被试者需要观察一块特别的时钟，钟面上有一根类似传统时钟秒针的指针，被试者据此记录他们决定做动作（如动动手指）的精确时间。不过，研究者可以用脑电图（EEG）探测大脑皮层的活动，确定即将做出动作的信号，它们**比被试者感知到自己做出决定的时间早半秒**。[2] 之后，研究者主导了更多、更细致的同类实验，得到了同样的结果。[3] 虽然我们还不清楚运动神经的这些简单决定与更复杂的决定（比如午饭吃什么、在两份录用单中如何抉择等）有什么关联，但现代神经科学无疑让我们对人类心智的看法发生了迅猛的改变。现在我们有理由相信，只要能获取你脑内某些特定的活动，其他人就可以比你更早知道你将要做什么。

我们直觉上认为某些行为背后有意识存在，是因为我们觉得自己能自由地做出决定——我们凭意志做出的行动总是与当下的意识掌控感紧密相伴。不论微小如选择喝水而不喝橙汁，还是重大如放弃纽约而选择在得州工作，我们都能强烈地感觉到，意识在做决定的思维过程中是不可或缺的（而且是优先的必需品）。因此，在发现大脑层面如何做出决定、发现我们对接收的感官信息乃至自身思维的意识都有几毫秒的延迟后，包括加扎尼加在内的许多神经科学家都将有意识的意志感视为幻觉。注意，在这些实验中，被试者觉得自己凭着自由意志做出了行动；而实际上，这些行动在他们感知到做出行动的决定前就已经启动了。

"有意识的意志是幻觉"的观点可以由如下事实进一步证明：它可以有意触发和控制。实验者能够在被试者没有主导权的情况下让他们产生意志自由的感觉。由此似乎可以认为，在恰当的条件下，我们能够让人自以为凭意识做出了某个行动，而实际上他却是被别人控制的。心理学家丹尼尔·韦格纳（Daniel Wegner）和塔莉娅·惠特利（Thalia Wheatley）主导了一系列此类研究。韦格纳的表述是：

> 实验参与者将手放在鼠标上方盖着的一块小板子上，鼠标可以控制屏幕上的光标。屏幕上有许多取自《视觉大发现》（*I-Spy*）这本书的物品图片——我用的是一些塑料小玩具。房间内还有我们的一名实验员。两人都头戴耳机，按要求移动屏幕上的光标，每隔几秒音乐响起时，就将它停在某个物品上。……大多数时候，他们会从戴着的耳机里听到声音，其中有一些是屏幕上物品的名字。实验的核心在于，在其中几个试次中，

> 实验员会强迫被试者将光标移到特定的物品上。也就是说，我们的测试对象并不想这么做，只是被迫如此。这就像在灵应盘上作弊一样。我们会在参与者被强迫移动前后不久的某个时刻播放物品的名字。结果发现，如果在强迫移动前一秒播放物品名，参与者就会报告说这次移动是自己有意为之。……能动性的感觉也会是假的，而我们日常生活中的感觉却截然相反。[4]

如果意识没有产生决定移动的意志，而是始终伪装在与自己息息相关的幻觉之下，只是旁观一切发生，那么它的作用是什么呢？可以看到，我们通常感到的自由意志并不像表面上那么直观。如果摒弃这个常识，就应该质疑"意志在指导人的行动方面发挥了关键作用"这个观点了。

这里有一点很重要，需要澄清：我所说的自由意志，本质上特指**有意识的**意志感。我指的是我们已经司空见惯的那种最根本的日常幻觉，即我们都是有别于他人的独立"自我"：不仅独立于身边的其他人，独立于外在的世界，甚至还独立于我们自己的身体，仿佛我们的意识体验是在物质世界自由飘荡似的。例如，我和大家一样，会奇怪地认为"我的身体"（包括"我的头"和"我的脑"）是有意识的意志所寓居之处，而事实则是，我所想的关于"我"的一切都源于大脑的机能。即便因为醉酒、疾病、受伤，神经系统发生了哪怕最细微的改变，"我"也会变得面目全非。此外，我似乎还无法摆脱一个错觉，即自己能够脱离肉体（如果想得到办法就好了），而且组成"我"的各个部分依然能神奇地保持完整。不难看到，在全人类世世代代一直努力构造的各种"灵魂"论中，死后生活与生前生活惊人地相似。

大脑作为一个系统，确实具有某种自由意志。然而，它做出的决定与选择都以外界的信息、内在的目标和复杂的推理为基础。而我这里讨论的名为"有意识的意志"的幻觉，指的是**意识就是意志**这件事。[5]"有意识的意志是自由的"似乎是一句悖论，它表明人的意志有别且独立于所在环境中的其他物质。但矛盾的是，它依然能够通过做决定而影响环境。

我有一次参加一场活动，当时我的朋友兼冥想导师约瑟夫·戈尔茨坦（Joseph Goldstein）也在场。有人问他是否相信人类拥有自由意志，他的回答简洁明晰，让人眼前一亮。他说，他完全想不明白这个词是什么意思。一种脱离宇宙因果关系的意志是什么呢？他一边说，一边在胸前挥舞双手，像是要找到这个虚幻的自由意志似的。他反问道："我们要怎么去描述这样一种缥缈不定的意志？"

不过，许多人从伦理的角度反对"有意识的意志是幻觉"的说法，他们坚定地认为人应当为自己的选择和行为负责。不过，人能够（也应该）以不同的理由为行为负责；这两种看法未必水火不容。我们仍然承认头脑清晰、有预谋的行动不同于精神疾病等心智/大脑紊乱所引起的行动。[6]

试想我们身处一座未来城市，正碰见一辆自动驾驶汽车撞倒了行人。对于这场不幸的事故，我们的回应取决于汽车为什么没有及时刹车。举个例子，如果是软件缺陷导致车辆没有探测到裹着深绿色厚棉袄的行人，那么对此会有某种回应。如果是汽车的传感器失灵，而且是这辆车特有的问题，那么对此会有完全不同的回应。再者，如果这辆车撞倒行人是为了躲开载满乘客的公交车，以免将它撞到另一侧车道，那么我们对此的看法（以及回应）又会和之前的两种大不一样——我们会把这次事故看成先进技术的"成果"而不是缺陷。仅仅知道自动驾驶汽车撞了人,并不足以帮助我们防止它继续肇事,或是让我们从中学会制造更好车辆的办法。

有一点需要特别注意,在上述对自动驾驶汽车的讨论中,我们始终没有提到意识。讨论有意识的意志时,可以用类似的方式看待大脑的作用。比如,知道某人施暴的**原因**,与问题总是息息相关。人类有许多行为会受到以下各种要素的影响:威慑、负面结果、同理心,以及儿童在大脑发育期间被灌输的自律和自制,还有文明社会用来让人(大体上)保持良好举止的其他手段,等等。

大脑会根据输入的信息不断改变自己的行为,也会通过记忆、学习、内部推理产生变化,继续发展。具有良好教养的人,即使梦想破灭,也不会瘫倒在地、怒砸地面。如果不懂得义务、责任、后果这些概念,我们就做不到那么克制。但如果通常的社会压力对一个人失去了作用(比如他处于精神分裂的幻觉中),那么我们以不同的眼光看待他与同样压力下其他人的举止,也是合情合理的。同样,理解暴行背后的意图,能够让我们获知此人脑中所运行"软件"的相关信息。犯下数条命案的人,与开车时中风而意外杀死数人的人,大脑的运作方式必然极为不同。

在这个大背景下讨论伦理似乎有些矛盾,因为意识在伦理问题中必不可少。伦理关注人的痛苦,一切相关话题都与事物给人的**感受**有关。但由于大脑是生理性的处理系统,它的某些目的天然地符合伦理,也就是会尽量减少引起痛苦的事情。这样,大脑就类似先前提到的自动驾驶汽车。虽然我们在谈论修改意识体验,但意识本身却不必控制这个系统;我们所知的是,意识在体验这个系统。意识是伦理观念的必需品,但它与意志无关——这个说法并没有矛盾。

我们当然应当区分,而且有必要区分大脑有意的行为与因为大脑损伤或其他外力而做出的行为(即所谓"违背意愿"之事)。这在构建社会法律和审判体系时要尤为注重。但从意识并没有掌控一切的角度看,"有意识的意志是幻觉"的说法依然成立,与意向、责任等并行不悖。

实际上,我们不必用本章叙述的实验证明这一点。单靠我们的体验就能揭示这场幻觉,只需一个小小的实验即可窥探其中的奥妙。请坐在一个安静的地方,在给定时刻前(例如秒针指向 6 之前)选择抬起某只手或某条腿。不断重复这一操作,密切注意你在每一时刻的体验,注意你如何实时做出选择，感受又是怎样的。你的决定是哪里来的？你是**决定了何时做出决定**，还是直接在意识体验中产生了决定？是否有一种自由飘荡的有意识的意志给出了**抬起手臂**的想法，或是将它传递给了你？究竟是什么让你抬起了手而不是腿？或许那一瞬间，"你"（即你的意识体验）并不在那里。

  我们无法决定想到什么、感受到什么，就像我们无法决定看到什么、听到什么，这似乎是显然的。许多因素和过去的事情（包括基因、个人的生活经历、周遭的环境、大脑的状态等）经过高度复杂的整合，形成了每一个想法。广播里放的那首歌，有让你决定记起高中时组成的乐队吗？我有决定写这本书吗？答案可以说"有"，但这里的"我"并不是我的意识体验。实际上，是我的大脑连同它的过去和外部世界共同做出了决定。"我"（我的意识）只是见证这些决定产生罢了。

第四章

袖手旁观

在有关寄生虫以及它们如何影响宿主行为的研究中，可以看到颠覆我们的直觉、质疑传统自由意志观念的另一类案例。以弓形虫为例，这是一种能够感染所有恒温动物的微型寄生虫，但只能在猫的肠道内有性繁殖。它们虽然可以在任何哺乳动物体内存活，但最终还是得想办法回到猫的体内传宗接代。弓形虫最常感染的动物是老鼠，因为老鼠常去猫也经常待的地方。同时，弓形虫还进化出了一种厉害到让人毛骨悚然的能力：能够帮自己从老鼠体内回到繁殖地。这本是一件难事，毕竟老鼠天生就非常惧怕猫。但弓形虫能影响被感染老鼠的行动，让它们放下恐惧，还会使它们向天敌直走（甚至直冲）过去。至于其中的神经学机制，科学家仍未完全了解。弓形虫会在宿主脑内生成数百个囊肿，提升多巴胺分泌量。多巴胺是一种神经递质，作用是调节欲望、恐惧等强烈的情绪。这可以解释哺乳动物感染弓形虫后的许多行为。那些老鼠可能会觉得自己的意志被一股外力操控,但更可能的是,它们的神经化学成分遭到篡改,因而欲望和恐惧也变了:它们不再觉得猫很可怕,反而被猫吸引。[1]

人类也和其他哺乳动物一样会感染弓形虫:食用没做熟的感染动物肉,或是直接接触被猫粪污染了的东西,如水源、土壤、垃圾箱等。而且弓形虫对人脑也有影响。借用科学记者凯瑟琳·麦考利夫(Kathleen McAuliffe)对寄生虫学家观察结果的报道:"被该寄生虫寄宿的神经元会多产生3.5倍的多巴胺。实际上,可以看到这种化学物质在被感染的脑细胞中不断地积累。"弓形虫会使人出现许多行为变化,有观点认为它是很多人罹患精神分裂症等精神疾病的诱因。根据麦考利夫的报道,"对比弓形虫抗体的检测结果,精神分裂症患者的阳性率是非精神分裂症患者的两到三倍"。[2]

娜塔莉·安吉尔(Natalie Angier)发表在《纽约时报》(*New York Times*)上的妙文《寄生虫生存策略:让宿主帮忙》(In Parasite Survival, Ploys to Get Help from a Host)这么写道:

布拉格查理大学的雅罗斯拉夫·弗莱格尔（Jaroslav Flegr）对两组人做了性格测试，其中一组有感染过弓形虫的免疫学信号，另一组没有。结果，感染组的男性在怀疑权威、打破规则倾向性等方面，得分比未感染组男性高出一截；而感染组女性在热情程度、自信与健谈等方面，得分高于未感染组的女性。

其他寄生虫影响宿主行为的例子还有很多。铁线虫会使感染的蟋蟀快速移动到最近的湖泊或溪流中，而正常情况下蟋蟀会与水体保持安全距离。铁线虫会分泌某些与蟋蟀体内化学成分相仿的物质，促使它们赶在铁线虫的交配季期间跃入水中，因为铁线虫必须在水中交配。[3] 类似的还有鼠妇，它们白天通常会隐藏起来，以免被鸟吃掉。但那些感染了棘头虫的鼠妇却最喜欢在阳光灿烂的下午跑出来晒太阳，而且还待在浅色的地方。由于体色与环境存在强烈对比，它们很容易被头上飞过的鸟类发现。棘头虫由此"搭便车"回到鸟类的消化系统中产卵。[4] 阿尔康蓝蝶幼虫体表的化学物质模仿了至少两类蚂蚁幼虫表面的分泌物，使蚂蚁将气味相近的蓝蝶幼虫搬入巢穴，喂食抚养。这么做往往会牺牲蚂蚁自己的后代。[5]寄生蜂会让圆蛛织出与平时大相径庭的蛛网。当寄生蜂向圆蛛注入某种化学物质后，圆蛛会编织一种非常适合幼蜂生活，但未必满足自己需要的蛛网。这种蛛网可以保护幼虫免遭附近捕食者侵害，也提供了结茧的绝佳场所。[6]这类事例还可以一直写下去。

审视这些案例，我们会惊讶地发现，对于身边那些不断上演的事例，我们竟然一次次无视了它们背后的复杂力量。我们不禁怀疑，究竟是什么在真正驱使着我们的欲望与性格，尤其是认同感最强烈的那些。

此外还有一些细菌感染引起人类行为变化的案例，科学家仍在寻找感染与人类心理障碍之间的关联。[7]比如，链球菌进化出了一套防御机制，可以使自己在某段时期成功逃过儿童的免疫系统。链球菌的细胞壁上有特殊分子，能够使免疫系统无法区分它们与儿童心脏、关节、皮肤和脑等器官组织的区别。之后，免疫系统终于发现链球菌是异物并发动攻击，但此时它可能会误伤身体内的健康组织。根据美国国家精神卫生研究所（NIMH）的研究，在此过程中，"一些由免疫交叉反应产生的'反脑'抗体［可能］会攻击脑部，造成强迫、痉挛等神经精神病学症状，统称为'熊猫病'（PANDAS, Pediatric Autoimmune Neuropsychiatric Disorders Associated with Streptococcal infections，即伴有链球菌感染的小儿自身免疫性神经精神障碍）"。[8]这里宿主的行为与寄生虫的目的并不一致，链球菌感染造成的现象呈现出"无意图"的效果。但前述两类案例都揭露了意识体验的实质，"我"是个人欲望与行动之源的观点由此崩塌。

从先前考察的基本神经过程到细菌感染与寄生虫，它们的背后有这么多力量在起作用，我们很难再真正感受到我们的行为、喜好乃至选择都在有意识的意志掌控之下。更准确的说法似乎是，意识在袖手旁观——它只是看着这场表演，而没有去创造与控制。理论上，我们可以进一步认为，即使真的存在某些行为需要意识才能完成，它们也只占少数。但从直觉上看，我们会认为，因为人类以某些方式行动**且**具有意识，而且因为恐惧、爱意、痛苦等体验是意识中非常强烈的情绪，所以我们的行为都由我们对**它们的**意识所驱动，此外别无可能。然而现在看来，许多我们通常归于意识作用，并认为可以用来证明意识存在的行为，显然可以不需要意识而发生，至少理论上是这样。由此我们回到最初的两个问题，并再次发现，很难说清意识体验对行为起了多大作用。不是说它毫无作用，而是几乎不可能指出它具体用了什么样的方式。

不过，我在思考过程中偶然想到了一种情况，它或许是个有趣的例外：**我们在思考和谈论意识之谜时，意识似乎发挥了作用**。思考成为某物"是什么样"时，意识体验大概影响了我头脑中接下来发生的过程。如果没有意识，那么我思考意识时所想、所说的一切就几乎没有了任何意义。一个无意识的机器人（或哲学僵尸）要怎么思考自己根本就不存在的意识体验呢？暂且设想大卫·查尔默斯本人是一具僵尸，完全没有内在体验，然后再考察他在《有意识的心灵》(*The Conscious Mind*)一书中解释僵尸概念时列举的几件事：

> 因为我的僵尸兄弟缺乏体验，所以他的认知状况与我大相径庭，做出的判断也缺少相应的理由。……我**知道**我有意识，这一认识的依据只有我的直观体验。……从第一人称视角看，我的僵尸兄弟和我很不一样：我有体验，而他没有。[9]

43　　我想不出一个没有意识的系统要怎么产生这样的想

法，更别说一个具有智慧的系统怎么去理解它。如果从来没有体验过意识，僵尸查尔默斯就应该找不出自己与僵尸兄弟的任何**区别**。查尔默斯对理论上存在这种僵尸的解释是，意识的语言和概念可以植入僵尸的程序之中。我们当然可以给机器人编程，让它描述一些特别的过程，如探测到某一波长的光时说出"看到黄颜色"，甚至让它在定好的情况下说出"感到愤怒"这样的话。而实际上，它并没有在意识上看到或感受到任何事。但如果没有真正的意识体验做参考，让一个系统从整体上区分意识体验和无意识体验大概是不可能做到的。如果我感受不到意识体验，那么我在谈论意识之谜时（其中会提到某种我可以分辨的、感到好奇的、归于或不归于其他实体的事物），就不大可能侃侃而谈，更不可能在这些事上花这么多时间了（因为谈论的对象是定性体验，没有体验到的话，就完全不知道对象究竟是什么）。而在我仔细思考这些观点时，我的思想全都**关乎意识体验**，这个事实表明其中有某种反馈回路，而且意识影响了我大脑的处理过程。毕竟，（可以认为）只有体验了意识之**后**，大脑才能思考意识。

不过，除了这个我经常落入的陷阱，我们关于"哪些证据能够证明意识影响系统"的直觉，大多经不起仔细推敲。于是，我们在"意识对行为的驱动作用"方面轻易做出的那些假设，必须重新加以评估，因为我们往往会自然而然地由这些假设得出意识是什么、意识自然产生的原因是什么等结论。从确定某人是否处于有意识的状态，到确定意识最初在生命演化的哪一刻出现，再到理解产生意识体验的具体物理过程，我们希望通过研究意识来揭露的一切，其实都出自我们对意识功能的直觉。

第五章
我们是谁？

谈起意识，我们往往认为"自我"就是我们所体验的一切的主体——我们觉知到的一切似乎都在这个自我中发生，或者围绕它而发生。我们在感觉上拥有统一的体验，万事万物以整体的方式向我们呈现。但我们已经看到，绑定过程（binding processes）是产生这种感觉的一个原因，它带给我们身体感受与意识体验完美同步的幻觉。绑定过程还参与巩固了时空中的其他概念，比如物体的颜色、形状、质地等，每一项都由大脑分别处理，融为一体之后再进入意识。然而，绑定过程有时会因为神经疾病或受伤而受到干扰，使患者的世界陷入混乱，如视觉和听觉不再同步（分离失认症），或是对于熟悉的物品只能分辨各个部分但不能辨认整体（视觉失认症）。

即便是健康的大脑，有时也会在绑定过程中出些小毛病，造成我们常见的幻觉。几个月前，我半夜起床想喝杯水，却突然听到屋外一声巨响。可能是因为我处在半清醒状态吧，总之，出于某些原因，我当时有种不寻常的感觉：我注意到我的身体在听到响声**之前**就吓了一跳。在那短短的一瞬间，我觉得自己对某种"我"还没听到的声音做出了反应。

试想一下，如果完全不存在绑定过程，你的体验会是什么样。以弹钢琴为例，你先是看到手指按下琴键，然后听到琴声，最后感觉到键槌落下。或者试想绑定过程遭到篡改，你发觉自己在听到恶犬狂吠**之前**就撒腿逃跑了。没有绑定过程，你可能根本就不会有自我的感觉。你的意识更像是在空间某一处经过的体验流，这反倒更接近事实。是否有可能只把对事件、行动、感觉、思维、声音的觉知都当作一连串的意识流呢？这种体验在冥想中并不罕见，包括我自己在内，有许多人可以作证。我们大多数时间（甚至全部时间）居于其中的那个自我，那个就在此处的、不变的、作为意识的坚实中心的自我，只是一场可以回避的幻觉，而这不会以任何方式改变我们对世界的体验。我们依然可以充分意识到通常的视像、声音、感觉、思维，而不必觉得存在一个接收声音、做出思考的自我。这丝毫没有违背现代神经科学：研究发现，大脑中的默认模式网络（default mode network；科学家认为，就是这个区域让我们感觉到了自我）会在冥想时受到抑制。[1]

还有其他中断自我感觉的方式。在默认模式网络中，大脑的副海马体和压后皮层相互连接，而现在已知麦角乙二胺（LSD）、氯胺酮、赛洛西宾等致幻药物会阻断它们之间的回路，这解释了处于这些药物影响下的人为什么会失去自我感。[2]科学家研究了实验参与者服用致幻药物后的体验，并用功能性磁共振成像（fMRI）测量相关的大脑活动。在药物的影响下，参与者报告的体验"从漂浮感、找到内心平和，到时间感混乱并坚信自我感消解"，不一而足。[3]许多人认为意识和自我体验总是如影随形，但显然，在报告中那些宣称丢掉了自我的时段内，意识依然完好无损。关于致幻剂的科学研究，迈克尔·波伦（Michael Pollan）在《如何改变你的心智》（*How to Change Your Mind*）一书中是这么说的：

> 默认模式网络中的血流量和耗氧量下降越快，志愿者就越有可能报告丧失自我感。……"非二元"的致幻体验表明，意识在自我消失时依然存在，自我并不像我们（以及它自己）认为的那样不可或缺。[4]

致幻剂还会压制默认模式网络外其他区域内部神经元之间的联系，使大脑活动整体上变得不那么分离。罗宾·卡哈特-哈里斯（Robin Carhart-Harris）在帝国理工学院主持了一系列影像学研究，以探索LSD对大脑的影响。对此，科学记者埃琳·布罗德温（Erin Brodwin）做了如下讨论：

> 卡哈特-哈里斯说："这些网络之间的独立性被破坏了，你会看到一个更加融为一体的大脑。"这种变化或许还可以解释为什么药物［LSD］会使意识产生另一种状态。……在自我感和与环境相互勾连的感觉之间，障碍似乎就此消失。[5]

有意思的是，服用致幻剂的人之所以会处于另一种状态，还有一个原因是这类药物会阻断绑定过程。这也很有可能中断独立、脱离于世界的自我感。波伦指出："我们对个性与独立性的感觉取决于受到限定的自我以及主客体之间的明确界限。但这一切或许是心理上的构造，是一种幻觉。"[6]约翰·霍普金斯大学的研究人员检视了赛洛西宾对焦虑的癌症病人的镇静效果。据布罗德温描述，其中一位参与者的体验是这样的："他记得自己在几小时里十分轻松,能同时感到舒适、好奇、警惕。……不过最强烈的一点是,他不再感到孤独。[他]说:'整个你犹如落入了一处更加感觉不到时间和形体的地方。'"7

虽说没有经历过类似体验的人大概不可能想象出这种感觉,但意识依然可以在没有对自身的体验,甚至在没有思维的情况下继续存在。记者兼作家迈克尔·哈里斯(Michael Harris)指出,其中一部分原因是,这种能够与我们所知的自我感产生交互的能力是一种心理构造:

> 如果清晰的整体自我能通过物理途径[如服用致幻剂、卒中、神经失调等]篡改,那么我们就必须承认,整体的自我,即"我们是完整无缺之人"的感觉之所以产生,并不是因为我们的两眼之间寓居着某个特别的灵魂或者说"我"。8

前文已提到,冥想训练可以抑制典型的"自我"观念和其他日常体验中的错觉,而且我们目前在大脑层面对冥想也有不错的理解。东方喜好沉思的传统已有几千年历史,东方人将冥想作为探究意识本质的实验基础。虽然西方科学在这类内省方法方面是后来者,但现在已有许多神经科学家正在研究冥想对心智和大脑有什么特别的影响。这类研究有望带来新的发现,使我们明白如何利用系统方法训练注意力,从而更好地理解意识和人类心理。它至少确定了采用第一人称的探索工具可以获得有价值的深入见解。佛教学者安德鲁·奥伦茨基(Andrew Olendzki)这样描述由冥想揭露的"自我"的虚幻本质:

> 它[自我的概念]就像"大地是平的""桌子是坚实的",在某个范围内(如社会、语言、法律等)有其用处,但终究会在更彻底的审察下分崩离析。[9]

然而,不论能否打破自我的幻觉,意识体验(不论是来自意识处于最微弱状态的人还是来自驾驶航天飞机的人)的范围显然都非常大。不论察觉到什么,有一件事都可以肯定:意识要么在场,要么不在。它要么像个什么,要么不像什么。

我们先前思考过意识体验在胚胎发育的哪一刻率先出现。同样,我们还想知道意识在生命末尾的哪一刻终结。我的一位朋友最近向我谈起他照顾祖父的一段时光,那时，他的祖父因为心脏病而大限将至。他说，祖父的身体状况在几个月内持续恶化。看着自己熟悉且深爱的人发生如此巨大的变化，他不由得感到伤心欲绝。祖父先是丧失了管理情绪的能力，无法控制冲动，这大概是前额皮层损坏的缘故。祖父无法再掩盖不断变化的情绪，感觉到什么，就会立马表现出来——喜悦、沮丧、兴奋或是暴怒，把身边的人都吓一跳。之后，祖父的记忆逐渐衰退，性格也因此变得不再连贯、稳定。最后，他无法说话、走动。有时候，我朋友发觉自己在思考这样的问题（许多人在这种情况下也会如此）：祖父是什么时候不"在这里"的？祖父是什么时候不再是"他自己"的？还有，他的意识是什么时候消失殆尽的？这位老人静静地坐在屋里，性格不再清晰可辨，记忆也丧失了大半。但在我朋友看来，祖父依然在体验着**什么**。即便只有最微弱的一缕觉知残留，意识也显然以某种形式存在着，直至最后一刻到来。而这缕最微弱的觉知——不论它在油尽灯枯之前像什么——或许完全不同于我们所熟知的人类体验。

托马斯·内格尔让我们想象成为蝙蝠是什么样的体验时，指出我们已经知道还有其他意识模式存在，它们与我们的意识差异巨大。利用回声定位在空中飞翔，与依靠视觉沿人行道行走的感觉一定大不相同。与之相关、我们难以想象的感官替换研究——科学家能以此让失明和失聪者用新的方式感知我们大部分人所见、所听的事物——提供的证据表明，大脑实际上具有巨大的体验潜力。例如，有一款名为BrainPort的设备，可以用含在舌头上的小型方阵装置将视觉信号转化为微弱的电击，大脑会据此学习并解读舌头上感觉到的触电信号。借助这项技术，盲人可以完成将球准确投入篮筐、绕过障碍物等任务。[10]显然，BrainPort与使用视觉在现实世界中移动有关，但实际体验一定与使用眼睛去看非常不同。1909年，生物学家雅各布·冯·于克斯库尔（Jakob von Uexküll）采用了一个很棒的词——主体世界（umwelt）来描述任意动物根据自己的感官应对环境时所获得的体验。蝙蝠有一种主体世界，蜜蜂则体验着另一种，人的又是一种，而使用BrainPort之类技术的人再是一种。

大卫·伊格曼投身的研究是探索拓展人类主体世界的可能性，使之涵盖当前无法用五感获得的信息。他的看法是，大脑"只管得到信息，并不在意信息是怎么来

的"。[11]伊格曼在2015年的一场TED演讲中讲述了感官替换的可能成果,人们可以由此创造"新感官":

> 可供人类拓展的前沿实际上没有尽头。设想航天员可以感觉国际空间站的整体运行状况是否良好;或是让你感觉自己身体的一些不可见的健康状况,如血糖水平和微生物状态等;或是具有全景视觉或能够看到红外线和紫外线。[12]

其实,我们知道人脑在恰当的条件下能够将异物无缝整合进身体的图景里。橡胶手幻觉(rubber-hand illusion)就是一个例子,它表明在一定的条件下,外部物体会融入一个人的自我观念之中。原始实验是这样的:被试者坐在桌前,手放在桌面下,桌上对应位置则放了一只橡胶手。实验者不断用画笔同时敲打被试者的手和橡胶手,被试者会渐渐感觉桌上看到的橡胶手就是自己的手。后续版本的橡胶手幻觉实验还用到了虚拟现实(VR)技术。在其中由神经科学家安尼尔·赛思(Anil Seth)和他在萨塞克斯大学的团队主导的一场实验里,被试者戴着VR眼镜,体验虚拟世界中的手。实验者会让这只手闪烁红光,闪光的频率有时与被试者的心率保持一致,有时不一致。可以想见,当闪光频率与被试者心率一致时,他更容易感觉那只虚拟的手属于自己。[13] 赛思将我们在现实世界中的体验称为"受控的幻觉"(controlled hallucination)。他说大脑是一台"预测引擎",还说"我们感知到的是它对世上发生之事的最佳预测"。他认为,我们可以说是"因为预测自己而存在"。[14]

"割裂脑"(split-brain)现象也能为"意识易受影响"以及"自我的概念"提供不少启发。现在有不少人知道罗杰·斯佩里(Roger Sperry)和迈克尔·加扎尼加的一项精彩实验。他们从1960年代开始在加州理工学院主导了一项研究,对象是被切除了胼胝体的癫痫患者。胼胝体切除术会切除患者的一部分或全部胼胝体,将大脑左右半球之间的连接分开,以防突然发病。尽管病人术后似乎出人意料地没有什么变化,但研究还是揭示了他们的一些古怪而且违反直觉的行为,由此也对我们关于意识的易变与边界所做的许多设想提出了质疑。

在实验中,我们能够(以图片、文字等形式)用视觉手段向胼胝体被切除的病人的两个大脑半球分别输入信息,因为右眼视野会投射在左半球,反之亦然。对于普通人而言,每侧视野输入的信息会经过胼胝体与另一侧的半球共享。而对于割裂脑病人而言，每侧视野的视觉刺激只能由同一侧大脑接收。每只耳朵接收的刺激，还有双手得到的大部分信息也是如此——在大多数情况下，每只手的触觉感受器会向另一边大脑半球投射，每只手的动作也由另一边半球控制。其实，术后的割裂脑病人能感受到大脑"半球对抗"（hemispheric rivalry）的体验，从中可以看到他们的两只手会"左右互搏"，尝试做出相反的举动——比如，一只手给衬衫系扣子，另一只手却在忙着解扣；或是一只手想要拥抱爱人，另一只手却在推开对方；或是一只手要开门，另一只手却要关门。[15]

神经科学家还提出了许多充满创意的方法，以此接收割裂脑病人两个大脑半球的交流信息，并从中揭示了其他惊人的现象。大多数人的大脑左半球负责以说话和书写为形式的语言表达，右半球则"沉默不语"；不过，右半球可以通过点头和左手手势（某些情况下还有唱歌）进行交流。[16] 如果让被试者用左手握住一枚硬币但又不让他看见，那么就只有右半球知道这件事。此时问他手里握着什么，他会回答不知道，因为左半球（具备口头交流的能力）觉察不到硬币。但如果让被试者指出手中之物的图片，那么他的左手（由知道硬币的右半球控制）

就能正确地指向硬币的图片。同样,如果向被试者的左眼视野展示"钥匙"这个词,并问他看到了什么,他会说什么都没看见,因为能说话的左半球没有看到这个词。而如果让他挑出那个词代表的物品,他就会伸出左手(由看到了那个词的右半球控制)拿起钥匙(见图 5.1)。这类实验可以用不同的方式重复,每次都会得到同样的结果。实际上,割裂脑病人有时会(通过会说话的左半球)说自己的左手在自行其是,比如合上正在读的书之类的。这说明"他们"并不知道右半球的欲求和意图。

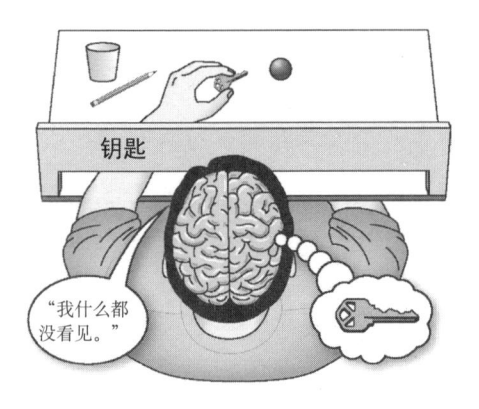

图 5.1　割裂脑研究

出乎第一批展开这类实验的神经科学家(以及我们!)的意料,同一个人对同一个问题可能会给出两个不同的答案,而且整体的欲求和意见也全然不同。更惊人的发现是，每个半球的感觉和意见似乎是各自的私密体验，两边互不知晓。一边的"自我"对另一边"自我"的意见和欲求茫然不解，仿佛对方是同在一室的另一个人。割裂脑病人两边的视角是否都具有意识？这个问题即便能回答，也非常困难；但我们没有理由怀疑两边的思维和欲求存在相关的体验，而且大部分神经科学家相信两个半球都具有意识。用艾伦脑科学研究所的神经科学家克里斯托夫·科赫（Christof Koch）的话说："因为会说话的大脑半球和沉默不语的大脑半球共同带来了复杂、有计划的行为，所以两个半球都有意识感知，尽管这两种感知的特征和内容未必相同。"[17]

割裂脑的相关文献中有许多例子表明，一个大脑可以存在两种意识视角。其中大多数还能推翻自由意志的传统观念，因为它们都有一种由大脑左半球［加扎尼加和他的同事约瑟夫·勒杜（Joseph LeDoux）称之为"诠释者"（the interpreter）］产生的现象。[18] 这种现象发生在右半球根据左半球没有收到的信息而采取行动之时。此时，左半球会对当事人的行为给出即时但错误的解释。例如，右半球收到"出门走走"的指示后，被试者会起身走动。但如果问他为什么离开房间，他可能会解释说：

"啊，我想去喝口水。"负责说话的左半球并不知道右半球收到的指令，而且我们有充分的理由认为他真的相信口渴就是起身走动的原因。在这个案例中，实验者让被试者产生了自由意志的感觉，但被试者的行动实际上并不由自己控制。由此，"诠释者"现象进一步被确定，即我们那种凭借有意识的意志在行动的感觉，至少在某些情形下是纯粹的幻觉。

不过，与我们的讨论更为相关的不是割裂脑研究表明了有意识的意志的什么信息，而是其中更深层的内涵：割裂脑病人的两套不同的意念似乎降格成了意识中两块独立的部分。以病人"左右互搏"系衬衫扣子为例，一边的半脑觉得右手被"别人"控制了，因为它在抗拒自己的行动，妨碍他穿上选好的衣服。另一边则是反抗着"别人"糟糕的衣品。在这个时候，割裂脑病人的表现（可能感觉上也）更像是一对连体双胞胎，而不是一个单独的人。

伊恩·麦吉尔克里斯特（Iain McGilchrist）在讨论大脑两个半球的《主人与特使》（*The Master and His Emissary*）一书中谈论了一个有趣的主题，他认为产生意识的结构可能比科学家一般的认识要深得多：

> 在我看来，将意识设想为一种循序渐进、在脑中逐渐出现，而非有无分明的过程，要比把它看成达到心智功能顶点就突然出现、具有明确范围的事物，会得到更多的成果。……接下来的问题不是两份意志如何**变成**一种统一的意识，而是如何在一处意识之场中安置两份意志。……意识不是文学里常用来比喻的鸟——独立盘桓在心智顶层，然后飞落在大脑额叶的某处——而是一棵树，深深扎根在我们内部。[19]

割裂脑研究和其他现代神经科学进展所揭示的真相中，许多都指向这样一个问题：在没有被实际割裂的大脑里，是否存在某种割裂的意识？是否还有别的意识中心，乃至我们认为是其他人的心智存在于比我们想象中更近的地方？设想不同的意识"中心"、意识"构造"或意识"流"就在一个人体内紧挨或重叠，似乎也并非毫无可能。

第六章

意识是否无处不在?

对于开启我们这次探索之旅的两个问题，我们似乎还没有得到答案：仔细审察之后，我们找不到任何可靠的外部证据能证明意识存在，也说不出意识的任何具体功能。两个结果都严重地违反了直觉，这也是意识之谜遭遇宇宙其他谜团的起点。

如果无法指明由什么区分宇宙中的哪一团物质具有意识、哪一团不具有，那我们怎么可能画出二者的界线呢？或许更有意思的问题是，为什么要画这根线。一旦认为自己的意识体验在"袖手旁观"，我们就很容易设想其他系统也有意识相伴。至此，我们必须考察这种可能，即**所有**物质都拥有某种程度的意识，这种观点被称为泛心论。[1] 如果动物的各种行为都伴随着意识，那么植物对光照的反应或是电子的自旋等，凭什么就没有意识？也许意识本就根植于物质当中，是宇宙的一种基本属性。这一点听上去很离谱,但我们会看到它值得思考。

"泛心论"(panpsychism)一词是意大利哲学家弗朗切斯科·帕特里齐(Francesco Patrizi)在16世纪创造的,它由希腊语 pan(一切)和 psyche(心灵或精神)组成。某些泛心论版本认为意识有别于物质,由其他东西构成。这种定义让人联想到生机论和宗教对灵魂的传统描述。虽然这个词在历史上被广泛用于描述各类思想,但现在的泛心论对实在的看法已经和先前的观点大异其趣——而且也不受任何宗教信仰桎梏。

在现代泛心论中,有一派认为意识是一切信息处理形式的固有属性,即便在无生命的技术设备中也存在意识;还有一派更是认为,意识与物理学中的基本作用力和场是同类,也就是与万有引力、电磁力、强核力与弱核力并列。当前对泛心论的思考全面而严肃,不论是限定于特定类型的信息处理过程还是应用于宇宙中的一切物质,都与过去大部分泛心论学说有所不同。现代泛心论受科学影响,完全遵循物理主义与科学论证。

我很喜欢哲学家菲利普·戈夫(Philip Goff)这篇文章的标题:《泛心论很离谱,但也最有可能成真》

(Panpsychism Is Crazy, but It's Also Most Probably True)。他的思路是:

> 一旦我们注意到物理学完全没有反映它的研究对象的内在本质,而我们确定的物质的内在本质只有"至少某些事物拥有体验"这一点……那么在理论上提出简单、统一且与已有数据一致的观点,就会直接将我们带向泛心论。[2]

因为观念简洁,我比较认同这种泛心论的说法,即意识是物质的基本属性,它的存在未必需要某种程度的信息处理过程。这是意识难题的一个结果,不论在神经处理还是更简单的信息处理过程中,只要你打算画出意识的边界,你就会遇到这个难题。虽然这在许多方面可能难以理解,但对于我来说,"意识为物质所固有"的观点却更有说服力,部分原因是它更简单(虽说只简单一点点)。以希格斯场为类比,物理学家知道希格斯场必须存在,否则构成我们身体的电子和夸克就没有质量,并且会以光速运动。他们在发现希格斯场的载力子——希格斯玻色子之前几十年,就假定这个场存在了。虽然找到希格斯玻色子丝毫不能证明意识的有关理论、为之提供任何证据，但这仍然有助于我们将这件事类推到泛心论的情形——意识或许是物质或宇宙的又一种属性，只是我们还没有发现罢了。

哲学家戴维·什克尔比纳（David Skrbina）在《西方泛心论》(Panpsychism in the West) 一书中考察了历史上科学根据唯理论、经验证据和进化原理论述泛心论的经过。1859年达尔文提出自然选择进化学说，随后物理、化学、生物等领域不断获得进展，它们表明人类与其他物质都由同样的元素构成，意识的真正谜团就此显现。"宇宙万物都由相同部件组成"的新认识进一步支持了"从科学和进化观点采用某种泛心论"的做法。科学探索的自然趋势是得到尽可能简单的解释，而"意识产生于无意识物质"的观念则代表科学解释在传统目标上的某种失败。从哲学上讲，物质从无意识状态向有意识状态的跳跃被称为"重大"涌现或"强"涌现。[3]什克尔比纳引用了著名生物学家霍尔丹（J. B. S. Haldane）对强涌现的反对意见，后者的依据是，这会不可避免地使意识的解释更加复杂：

如果物质中不存在意识，那么强涌现理论就

在本质上违反了科学。这样的涌现"严重违背了科学精神,即总是用简单的思想解释复杂的现象。……如果这种科学观点是对的,那么我们终将发现它们[不动的物质中所存在的意识迹象]至少以初始形态遍布整个宇宙"。[4]

什克尔比纳带读者走进了科学家们300多年的思考历程,从约翰尼斯·开普勒(Johannes Kepler)到罗杰·彭罗斯(Roger Penrose),他们将科学的观点带入泛心论,其中不少人得出结论,认为意识最简单的解释就是泛心论。在霍尔丹之后大约30年的1960年代,生物学家伯恩哈德·伦施(Bernhard Rensch)断言,既然在微生物和细胞层面考察一种生命形态向另一种进化时,分类的界线是含混不清的,那么生命系统与非生命系统同样不存在泾渭分明的区分,而且这种寻找划分的错误做法恐怕还殃及了意识体验。[5]

此外,科学家将意识描述为一种涌现的性质(也就是不能由各个组成部分推知的复杂现象),认为自己由此规避了意识难题,但他们其实改变了主题。一切如蚁群、雪花、波浪之类的涌现现象依然是从外部观察到的对物质和物质行为的描述（见图 6.1）。[6] 一团物质从内部看是什么样子、是否存在相关的体验，这是"涌现"（emergence）无法涵盖的。将意识称为涌现现象其实等于什么都没解释，因为对于观察者来说，物质的行为一如既往。如果有些物质拥有体验而有些没有（有些涌现现象带来体验而有些不能），那么科学采用的传统"涌现"概念其实丝毫没有解释意识是什么。

图 6.1　涌现

不能由组成部分推知，且比各部分之和更加复杂的现象，被称为涌现。

一些哲学家更是认为意识难题根本就不存在，将意识降格为幻觉。但也有人指出，意识在本质上就不可能是幻觉。意识内可能会出现幻觉，此时你可能在体验什么，也可能没有——总之，幻觉必须依靠意识才能出现。英国分析哲学家盖伦·斯特劳森（Galen Strawson）在《否认意识存在者》（The Consciousness Deniers）一文中分析了"意识幻觉论"的观点,并对其中的前后矛盾难掩愤懑之情:"一个人怎么会蠢到这种程度,竟会否认意识体验存在,否认这个我们唯一能确定存在的普遍事物?"[7]纽约大学神经科学中心的哲学家内德·布洛克(Ned Block)描述了他在讲授意识难题的课程时,在学生中观察到的类似于不同人格类型的现象。他估计大约有三分之一的学生"不理解现象学[感觉到的体验]和从中提出的难题"。然后他想,如果研究一下能够从直觉上理解意识难题和不能理解(或认为意识是幻觉)的人在神经学方面的差异,那应该会很有意思。[8]在我看来,将意识降格为幻觉,无论如何都搞错了重点。实际上,这不过是把意识重新定义为"意识的幻觉"罢了。即使我们同意将意识称为幻觉(这有些荒谬),我们依然会想知道它的程度有多深。其他复杂的过程,或是其他物质团也会体验到这种"幻觉"吗?意识和泛心论的所有问题依然摆在我们眼前。[9]

实际上,斯特劳森认为"如果是真正的自然主义者,那他们最能接受的观点就是泛心论……他们对物理主义深信不疑",认为"一切坚实存在的事物都符合物理学",并且"一切物理现象都是能量的不同形式"。他得出结论:"泛心论只是对这种能量的固有本质所做的假说,认为能量的固有本质是体验。……物理学并未受此假说影响,其中正确的结论依旧正确。"[10]

尽管如此,从科学角度思考泛心论的做法依然充满争议,而且违背了传统的科学观念。尽管意识出了名地难以研究,甚至难以定义,但大多数神经科学家还是相信它来源于大脑内部的复杂过程。如果研究其中的神经关联,我们迟早会发现意识的最终成因。然而,不少神经科学家也承认意识难题将继续存在,因为科学的理解不论多么完备,似乎都无法让我们直接洞悉与那些物理性质相关联的主观体验。研究脑这样的系统,只不过是告诉我们更多物理性质方面的信息罢了。例如,神经科学家拉马钱德兰(V. S. Ramachandran)就承认,"感质"(qualia,意识可以标定的体验性质,如看到蓝色的感觉、认为某物很锋利的感觉等)依旧是未解之谜:

> 感质让哲学家和科学家都头痛不已,因为尽管它们真实存在,而且出现在心理体验最核心的地方,但关于脑功能的物理和计算理论却对它们如何产生、为何存在等问题无言以对。[11]

身体那些看似有意识和无意识的**机能**（你知道此刻你在读这页书上的字，但你不知道你的肾脏在做什么）以及有意识和无意识的**状态**（例如是清醒着还是陷入沉眠）之间在大脑层面有什么差别，是研究意识的神经科学家最感兴趣的事。有许多假说认为，大脑的特定区域，或者说特定类型的神经处理过程会产生意识体验；包括弗朗西斯·克里克（Francis Crick）和克里斯托夫·科赫在内的科学家甚至猜测，是神经元激发的频率使它们产生了意识。[12]

克里克和科赫想通过研究视觉系统找到意识在脑内的起源。他们希望更好地理解哪类视觉刺激会让我们动用意识来处理（即知道在看），哪类刺激会让大脑做出回应但我们却觉知不到（潜意识处理），以及是哪些脑区负责这些不同的处理过程。这类研究虽然有用也有趣，但依旧有局限。它增加了我们关于大脑和人类体验的知识，但不能告诉我们任何**意识的本原**是什么的信息，也不能协助我们理解其他类型的系统（不论有无生命）是否能有这样的体验。

最近，威斯康星大学麦迪逊分校睡眠与意识中心主任、神经科学家朱利奥·托诺尼（Giulio Tononi）与米兰大学的马尔塞洛·马西米尼（Marcello Massimini）带领团队仔细考察了什么样的方法能够判定一个人是否拥有意识。他们的流程有个昵称，叫作"扎压"（zap and zip）①，做法是使用经颅磁刺激术（TMS）向大脑发送一个磁能脉冲，并用脑电波记录由此产生、流经大脑皮层神经元的电流。[13]由此得到的图谱会对应一个"微扰复杂性指数"（perturbational complexity index, PCI）。科赫解释说，这种方法将 PCI 截断值"作为判断意识存在的临界值，它是复杂脑互动的最小测量值"。[14]这种方法的目的是检测那些很难通过外在线索辨别意识水平的被试者——包括正在沉睡的人、处于麻醉或昏迷状态的病人等。它有望让我们更好地确定大脑受损者、闭锁综合征患者和痴呆晚期患者是否还存在微弱的意识（相对于"植物人状态"而言），或是判断手术病人在全身麻醉后是否仍然清醒。针对这些情况，我们当前能用的手段很有限。

诚然，上述研究是神经科学如今在做的最为重要的工作，但这些探究大脑有意识与无意识的机能和状态的研究，并没有解决**意识是什么、它在宇宙中存在的程度**

---

① 这个昵称取自流程中的两步：先用经颅磁刺激向脑内特定位置导入电流，称为 zap（扎入）；再用脑电波读取反应信号并以压缩算法编码，称为 zip（压缩）。——译者注

有多深等更大的问题。而且，现实依然是大多数科学家相信意识是神经元活动产生的涌现现象。大部分人认为，如果"我们"没有意识到某种体验和大脑处理的过程，那么就根本不存在任何相关的体验。这或许是对的，但我们会看到，这条思路恐怕讲不通。

我们来看看它对泛心论观点产生了（或没能产生）哪些影响。科学家和哲学家提出的假说有相互矛盾之处，体现在：

1. 试图在我们可能发现和不能发现意识的领域之间画出边界——通常与信息处理有关。
2. 科学家和哲学家没能克服一种很强烈，但也有可能是错误的直觉：人体内的意识中心或意识系统只有一个。

克里斯托夫·科赫是一位愿意考虑泛心论解释的神经科学家，他曾对采访者说：

如果用更讲求概念的方式去思考意识，你会看到具有意识的系统要多得多。所有动物、所有单细胞细菌，甚至在某种程度上所有细胞，它们都可能拥有自主意识。我们或许置身于无处不在的意识之中,在意料之外的地方也能发现它们的踪影。因为若按直觉来看,只有人类,或许还有猴子和猫、狗身上才有意识。但我们都知道,直觉也会犯错,所以才需要科学来告诉我们宇宙的真实状态。[15]

至此,我完全认同他的观点。但他马上又说了这样的话:"我们知道,身体内的大部分器官不会产生意识。例如肺,尽管结构非常复杂,却似乎不会有任何感受。"[16]如果能够设想蠕虫具有一定程度的意识(而且它进入人体之后依然能保留意识),那么它是否扩展了"我"此刻体验到的意识范围,与蠕虫是否体验到了什么应当并无联系。因此,这些不同的审察路线(什么构成"我的"意识以及什么是**有意识的**)到最后扰乱了更大的问题,即意识的本原是什么,我们能在宇宙的什么地方找到它。

科赫抱有细菌和每个细胞都可能有一定程度的意识的想法,似乎是接受了一种现代版的泛心论。然而在这场对话中,他断定拥有690亿个神经元的小脑"不会产生意识"。可是,虽然小脑不是掌管语言、产生我认为代表了"我"的意识流的脑区,但我们依然想知道它是否像我们设想的蠕虫和细菌也可能有意识那样,是**另一个**(或另几个)具有意识的区域。虽然科赫是以两种不同的背景解释意识,即一种采取泛心论的观点,另一种则偏向"体内特定过程不属于传统意识体验"的看法,但用神经科学和哲学对此做出的整体思考却总是前后矛盾,至少也是常有欠缺的。

虽然我们前面提到,托马斯·内格尔对"意识"这个词的定义(即**成为某物的体验**)是探讨主观体验最准确的方式,但人们对这个词的用法也多种多样(表示具有反思、清醒、警觉等能力),引起了额外的混乱。不过,我们可以继续提出"意识在能够反馈意识的系统之外是否存在"的问题——我们要做的是展开另一层面的对话。比如,当我处于深度睡眠的无意识状态时,我们只知道组成"我"的那部分系统被阻断了;因为这部分系统停转,我的体验(乃至于它的存在)也随之中断了一段时间。但在"我"的体验停滞期间,意识本身是否在大脑或身体的其他区域继续运作?这个问题仍然悬而未决。

我们不论积累多少有关大脑运行方式的知识,或许都无法解答眼前的问题：意识在宇宙中存在的程度究竟有多深？大卫·查尔默斯在《有意识的心灵》中提出，意识可以在简单的技术设备等物品的运作中显露：

> 我们从鱼和蛞蝓开始，经过简单的神经网络一路走到恒温器，意识是在哪里消失的呢？……恒温器似乎实现了鱼和蛞蝓简化到最低程度的信息处理过程。因此，在它最简化的形式中，或许也有相应的现象学。它能做出行为所需的一两个相关区别；至少对于我而言，可以合理认为它在体验中也存在相应的区别。[17]

因此，如果说蠕虫或细菌（或恒温器！）伴有一定程度的意识（不论相比我们的体验有多么微小、多么不同）的说法貌似有理，那为什么不能将同样的逻辑运用到小脑（它包含人脑的大部分神经元）和其他器官上？仅仅因为它不出现在"我"所体验的范围之内，就能排除不同形式的意识同时存在于身体内的可能性吗？

另一种反对泛心论的错误论证以进化论为基础，因为它的大部分科学与哲学依据是"意识仅存在于生物的神经系统之中"，而这个依据又部分来源于"意识是生物进化的产物"这条断言。背后的逻辑可以理解,因为我们掌握的最复杂的生存技能,似乎大多需要意识参与。但如果意识并不像通常认为的那样能决定行为,那么进化论的观点就站不住脚了。既然意识不能像平时感觉的那样影响我们的行为,那么又怎么能提高我们的生存概率呢?

若放眼动物之外,我们就更容易放下根深蒂固的直觉。此时我们发现,充足的信息处理(不论复杂与否)会突然引发**那些**成为意识的**过程**,但我们很难直观地看出其中的逻辑。在你下班回家、你的大金毛飞扑过来迎接你的时候,你当然觉得它存在意识,这点毋庸置疑。但前面也看到,即使设想一种外观与行为都和人类一样的机器人,我们还是无法确定它们是否具有意识。这不过是因为我们很容易体验到意识,又轻易地将它类推到其他生命形式身上,似乎意识是种显而易见的能力(我们也不会因为在清醒时体验到了意识就一惊一乍)。[18]但我们本应该像听到"最新的智能手机拥有意识"的消息一样,对我们具有意识的现实感到惊讶才对。

在我看来,不论我们能否真正地理解意识,意识之谜的正解都应该结合基于大脑的解释和泛心论的解释。虽然我不认为泛心论能给出正确答案，但我**确实**相信它是一项正当的候选，不能像许多人想当然的那样轻易否决。可惜，科学家担心损害学术信誉，很难参与这方面的交流。罗切斯特大学的天体物理学家亚当·弗兰克（Adam Frank）在 2017 年的文章《心物问题》（Minding Matter）中生动地讲述了意识之谜，以及科学家不愿冒险、提出不同于"意识是大脑处理结果"的理论的犹豫之情：

> 事实非常简单，无可辩驳：对亚原子世界深入探索了一个多世纪之后，我们用于描述**物质是什么样**的最佳理论，对于**物质是什么**依然几乎无话可说。唯物主义者呼吁用物理学解释心智，但在现代物理学中，组成大脑的粒子在许多方面和意识本身一样神秘。……想要扫除心智之谜，相比从物质的机制入手，我们应当先解决二者在本质上的纠缠。……例如，意识可能是宇宙中新涌现的一种实体，不遵循粒子的定律。还有更激进的可能，比如必须将意识的某种初始形态加入构建世界的表单，与质量、电荷等并列。[19]

但理论物理学家是幸运的，他们即使提出弦论这样的预言式理论——提出十维（或更多）空间乃至多重宇宙的广袤图景——依然能公平地得到倾听。但提出意识可能存在于大脑之外却会招致身败名裂的风险。弗兰克还指出，评判量子力学各种诠释时也有类似的双重标准："凭什么多世界诠释的无限平行宇宙是冷静、坚定的观点，而一谈到感知性的主题［意识］却会遭受声讨，轻则跨入反科学的领域，重则被当成神秘主义？"

虽然一些科学家自然而然地被导向某一形式的泛心论观点，但"泛心论"这个词依然带有"新纪元运动"的恶臭。戴维·什克尔比纳解释说，"无生命的世界具有意识"的说法，首先就给人反科学的印象，由此激起条件反射般的一致反对：

> 一个人若是阐述了泛心论的观点，就会立即面临这样的驳诘：此人相信"石头拥有意识"，而这个论断显然荒诞不经，所以否定泛心论也绝无问题。……我们或许在某些动物那里看到了非常接近人类心智的现象，因此我们不同程度地将这个概念［意识］应用到它们身上。我们在植物和无生命的物体上可能看不到这种相似之处，因

此给它们赋予意识就显得有些荒谬。但这是我们人类的偏见。为了克服这种以人类为中心的态度，泛心论者让我们不要从**人类**意识角度去寻找其他事物之中存在的"思维能力"（mentality），而应把它当作物体某个**普遍特征**的子集，无生命的思维能力与人的意识都是它的特定表现。[20]

我所读到的对泛心论的攻击都缺乏实质性的详细论证。尽管如此，它们依然相当猛烈。从《哲学百科全书》（*Encyclopedia of Philosophy*，Edwards，1967）到《纽约书评》（*New York Review of Books*），泛心论被扣上了"难以理解""绝不可能成立"的帽子，而它的拥护者则堪比"宗教狂徒"。[21]

我们这些希望推动双方交流的人，肩负着一项重要的使命，就是澄清泛心论的观点与人们容易从中得出的错误结论（也就是泛心论是想以某种形式证明或解释各种精神现象）之间的区别，而这个结论又是根据"意识必须产生带有单个视角和复杂思维的心智"这一错误假设得到的。认为植物或非生物物质具有一定程度的意识，与认为它们拥有**人类**心智、怀有愿望和意图是两码事。

认为宇宙为我们做好了安排，我们能向"高位自我"寻求建议的想法，不会得到现代泛心论的任何支持。泛心论谈的根本不是这类东西。就算细菌由于原子流动而获得很低程度的意识，它也依然只是**细菌**，依然没有脑和复杂的心智，更不可能像人一样。

用哲学家格雷格·罗森伯格（Gregg Rosenberg）的话说，我所谓细菌或原子具有一定程度的意识体验，"显然不是认为它们拥有和我们一样的体验"。我们应该将此理解为"一种定性的场，它在某种非常**抽象**的层面与我们的体验相似，但**绝非**我们所能想象之物，与我们的［意识体验］也并不相同"。[22] 那些由于误解泛心论而得到的错误结论，如单个原子、细胞或植物拥有堪比人类心智的体验等，往往就被拿来当作反对泛心论的论据。可惜我们很难摒弃意识等于复杂思维的直觉。但如果意识真的是比想象中更基本的宇宙属性，那它也不会一下子就证实你邻居的妄想——认为自己可以和院里的无花果树用心灵感应交流。其实，即便某种泛心论观点是对的，对于我而言，万事万物依然一如既往。

第七章
泛心论之外

试想自己是颗悬浮在空中或一片水中、不与任何感觉器官相连的大脑。然后想象自己接上了五感，但每次只有一种。首先是视觉，你只能隐约感觉到自己看到了什么。或许你能看到光，看到明暗不同的光在进进出出。试着不用记忆和语言去理解这个场景，这样就不会有自我思考的感觉：哇，刚才突然黑了，现在又亮了！不要这么想，应该想象自己感受着非常单纯的"初次体验"的流动：明暗交替，亮了，暗了，一闪一闪。接着，想象光有了形状：圆形的光，束状的光，延伸到远处。还可以加上色彩：红色变为橙色，再变换为黄色、蓝色。想象自己没有形态、没有重量。你自由地飘浮在空中，没有思维也没有概念。没有什么"橙色""红色"，只有对颜色的纯粹**体验**。把能想到的最基本的体验转化为画面。之后，再依次接入听觉、味觉、嗅觉，每次一种，尽量保持纯粹的形式。你单纯地体验着进入意识的事物，不用任何语言、概念去描述它。最后，想象触觉以压力和热的形式由外而来。它们弥漫在广阔的区域内，又各自处在狭小、确定的位置上——当然不在你**身体**里，因为此时你没有身体。它们是在空间的各个位置上……

上述想象很难长时间维持，但足以让我们感觉，至少设想这类事情还是**能够**实现的。

充分接受过冥想训练的人，大多明白意识并不需要思维，也不需要各种感官的输入。即使没有思维，没有视觉、听觉等感觉，我们也照样有可能准确地感受到主观体验。我们已经知道，那种成为具体自我的感觉，以及随之而来的直觉，会给有创意地思考意识带来巨大的阻碍。这些直觉还会让人条件反射般地排斥泛心论，哪怕逻辑上屡屡指向它的方位，我们也不愿把它当作一种合理的理论。但如果细致地检查实际的细节，这个想法就不会显得荒谬了。丽贝卡·戈尔茨坦认为，我们其实已经知道意识与物质不可分割，因为我们自身由物质构成，意识是从中直接获得的一种属性：

意识是物质的固有属性；就我们所知，它其

实是物质唯一的固有属性。因为我们是由物质构成的意识体,所以我们能直接明白这一点。物质的其他属性都由数学方法发现。这种用数学方法获得物质属性的手段,只能告诉我们物质的关系属性,而不能告诉我们固有属性。[1]

盖伦·斯特劳森将意识之谜完全颠覆,提出了类似的看法。他认为,意识其实是宇宙中唯一**不是谜团**的事物,因为它是我们真正能够直接理解的唯一对象。按斯特劳森的说法,**物质**才最为神秘,因为我们对它的固有性质一无所知。他将这种观点称为"物质难题":

> 关于物理实在,[物理学]告诉了我们大量**可用数学描述的结构**,由数和方程表示……但要问使事物实现这些结构的固有性质是什么,它却给不出任何答案。对于这个问题,物理学无言以对,而且会永无声息。……那个按照物理学的方式构架的物理实在的根本是什么?答案依然是"不知道"——除非它以意识体验的方式呈现。[2]

同样,在考察现代泛心论观点时,要着重区分意识和复杂思维。将意识假设为基本属性不等于认为复杂的想法和思维也是基本属性，进而神奇地得出物质能够呈现这些想法的结论（这是对泛心论的一种常见误解）。泛心论正好相反：如果意识是一种基本属性，那么由已经有意识流动的物质所组成的复杂系统，最终就能形成人类心智这样的物理结构。戴维·什克尔比纳设法解决以人代物的投射问题，即"将人的意识需求套用在无生命的粒子上"，还解释了为什么必须区分意识和**记忆**：

> 当然，任何类似人类心智的事物都需要类似人类记忆的记忆，但这只与复杂的生物有关。没道理要求原子等粒子也具有人类这样的记忆能力，或任何类似记忆的物理表现。例如，原子的心智可以设想为一连串即时呈现的、没有记忆的体验流。[3]

不过，许多人会疑惑：如果物质最基础的组分具有一定程度的意识体验，那么它们构成更复杂的物理对象或系统后，较小的意识之"点"要怎么组成新的、更复杂的意识之"球"？比如，如果我们脑中的每个原子和细胞都有意识，它们各自的意识之"球"要怎么融合成

"我"正在体验的意识?再者,更小的、独立的意识之"点"在产生全新的意识之"点"后会消失吗?这类问题被称为"合并问题"(combination problem)。《斯坦福哲学百科全书》(*Stanford Encyclopedia of Philosophy*)说它是"泛心论面对的最难问题",并注释说:

> 问题在于难以解释这一点:一群有意识体验的"小"主体带着它们的微小体验组成一个带有自己体验的"大"意识主体。……让人接受许多心智组成一个心智的想法,(可以说)比预想中难得多。[4]

对于许多科学家和哲学家来说,要将意识当作实在的一种普遍特征,最大的障碍就是合并问题。然而,因为哲学家和科学家喜欢使用意识"主体"的说法,这个障碍仍旧是混淆了**意识**与**自我**的结果。"自我"这个词通常用于描述一套更复杂的心理特征,比如自信、共情能力等,但"主体"仍然是以最基本的形式呈现的自我体验。大卫·查尔默斯在一篇讨论合并问题的文章中写道:"不同主体之间的现象学关系,如何……满足全新主体的构造?"[5]但谈论意识主体或许是有问题的,更准确的说法应该是意识体验在时空中的给定位置**可获得的内容**,由所在之处的物质确定——不只生物有主体世界,所有物质构型、在时空中每个点的物质都有主体世界。

这么看,对于任何泛心论版本来说,合并问题都不再是阻碍。而且,它或许还能被当作支持意识是宇宙基本特征,而非局限于某种程度的信息处理过程的又一个理由。如果将意识看作一种基本属性,那么任何地方、任意形态的物质都有某种内在的特征。由此看来,意识并不会两两"合并",**与自己相互作用**。由这条思路又得到几个有趣的问题:一片意识中出现的内容是否取决于意识所在位置的物质?对于这些内容,是否存在重叠的体验以及融合的体验?

我和克里斯托夫·科赫最近讨论了一个假想实验:如果两个大脑像普通大脑的两个半球那样完美地连接,会产生什么结果?既然割裂脑病人的心智和意识内容似乎可以分开,那么两个连接在一起的大脑会产生新的融合心智吗?比如,如果将克里斯托夫和我的大脑相连,是否会创造出全新的克里斯托夫-安娜卡的意识——一种新的个体视角?是否会产生一种新的心智,它知道我们两人脑中之前分别体验的所有内容,包括我们所有的思维、记忆、恐惧、能力等,并构成一个新的"人"?[6]即便实验的答案是"会"(很可能如此),我也认为我们不会遇到合并问题。只有将我和克里斯托夫的意识体验看作自我或主体,也就是永久的、具有固定边界的意识结构,问题才会出现。在连接两个大脑的例子中,我们可能只会得到一种内容和性格发生了变化的意识。这和你闭上眼睛再睁开后,意识所发生的变化别无二致:一开始,树和天空都在你的视野之内,然后它们都不在了。你在做梦时体验的环境也和现实环境大为不同,或许还会觉得自己完全变了一个人。而在深度睡眠中,我们完全失去意识,唯有苏醒才得以恢复。我在两次怀孕期间发觉我的意识内容经历了剧烈的变化:体验中多了先前不知道的子宫感觉,对番茄和各种番茄酱着了魔,心悸心慌,各种难以名状的情绪,身体疼痛,失眠……我感觉不像"我自己"。而且,我觉得我的心智与一个60岁的男性神经科学家融合后,也会不像我自己,但这并不代表就会造成意识的**合并问题**。即使是日常生活中,也不仅有意识内容的来往不断,还有意识本身的闪现和消失。

只有把"自我"或"主体"拉进等式,才会遇到合并问题。但我们知道,将自我当作具体的实体,这种观念是幻觉。诚然，这个幻觉非常棘手，难以克服，但我认为合并问题的答案就是意识本身根本就不存在"合并"。意识可以维持，但性格和内容会根据特定物质的排布而变化。或许内容有时会分散在几块大的、具有复杂联系的区域，有时又会局限在非常小的区域，甚至相互重叠。如果两个人将大脑相连，他们可能都会觉得自己的意识内容只是单纯地拓展了，每个人都会感受到一个人的内容在向两个人的整体连续转化，直至连接彻底完成。只有把"他""她""你""我"当作独立实体加进来后，拓展意识领域的内容（乃至多个领域融合）时才会出现合并问题。这让我想到小说和电影中经典的灵魂互换手法：让角色体验成为另一个人的感觉。如果仔细审察实际发生的情况，我们甚至都不可能提出这个问题。如果我变成了别人，那么用来交换的那个"我"在哪里？变成另一个人和本就是那个人的事物没有区别。这看似矛盾，但只是陈述了一个明显的事实："那是那种原子构型的样子，这是这种原子构型的样子。"同样可以说："组成叶子的原子构型会具备预期中叶子的一切性质，一群水分子会呈现预期中水的性质。那是分子在那种构型下**呈现**的样子，这是它们在这种构型下**呈现**的样子。同样，那是分子在那种构型下的**感受**，这是它们在这种构型下的**感受**。"我们再次回到了意识和内容这两个初始的概念。

许多人认为，意识必须以某种方式合并，才有可能构成符合泛心论的实体。但如果意识不必以这种方式合并，那么我们根本就不会遇到合并问题。我们已经看到，意识体验不必连续，也不必保持单独的自我或主体。较小的物质组成大脑这类更复杂的系统时，它们的意识也不必消失。成为某个自我的幻觉，以及通过记忆在时间上获得连续体验，其实可能只是意识的罕见形式。不论更大的现实是什么，我们所具有的特殊体验都由大脑的结构和功能决定。若要理解意识的真实本质，这或许不能作为有用的出发点。"我"的意识体验背后，是否可能同时还有每一个神经元的，或是在我身体内外不同神经元和细胞群的黯淡得多的体验？宇宙中是否充满了意识，它们依据我们还不清楚的物理定律不断地闪现和消失，不断地重叠、合并、分离、起伏，以我们无法想象的方式在变化？

也许，"泛心论"的历史问题与种种联想会继续妨碍这个领域的进展。我们需要一个新的标签来描述哲学家和科学家在这方面，也就是将意识作为物质基本特征可能性的理论工作。这就好比物理学有理论物理和实验物理之分,我们或许也得给意识研究的这条分支起个新名字,与研究意识的神经元连接的神经科学相区分。[7]

导向泛心论的理论近年来渐渐获得了重视,但要推开学术界的大门,还是会引来一番攻讦。安尼尔·赛思在《意识之匙,开玩笑吧?驳泛心论》(Conscious Spoons, Really? Pushing Back against Panpsychism)[8]一文中表达了神经科学家的普遍观点:意识科学已经抛开查尔默斯的意识难题"继续前进"了,因此也就抛弃了泛心论这种"边缘"答案。他坚信"只要在机械论和现象学之间建立越发精密的桥梁,表面上存在的意识难题或许就会自行消解"。然而,这两条探寻之路——一条是想弄清楚大脑的什么过程产生了人类体验,一条是意识的本原是什么——即使没有相互影响,也可能殊途同归。就像对待物理学,神经科学家不必花时间去学习他们不感兴趣的理论思想,但也不要去妨碍别人做研究。科学中的理论工作通常是必要的起点,它对科学进步的作用与随后而来的实验工作一样重要。

对于下面两类问题,我需要着重澄清我对它们所做的区分以及所赋予的价值:一类涉及意识在宇宙中存在的程度有多深，一类涉及产生人类体验的大脑过程。首先，虽然我基于当前已知信息，一直在为泛心论辩护，为它争取意识的正当理论地位，但我并不完全否认将来或许可以通过某种科学方法，确认意识确实只存在于大脑之中。尽管我很难想象要怎么确定地得到这个结果，但我也没法把它排除。我同样不能忽略永远也理解不了意识的可能性。丽贝卡·戈尔茨坦认为意识之谜不受具体科学方法的影响，她很可能说对了：

> 想到科学存在绝对不可跨过的界线，知道有我们绝不可知的事物，不免令人心生沮丧。……数学物理给出了那么多关于物质属性的知识。然而，我们这种由物质构成的对象能产生体验，凭这件事就应该使我们确信它不能给出物质的一切知识。除非伽利略再世，带给我们不用数学表达式就能获得物质属性的方法，否则我们永远不可能在意识难题上取得任何科学进步。[9]

此外，我将重点放在意识难题呈现的谜团上，因为我认为它没有得到恰当的评价，需要我们去关注，尤其是不久之后我们的身边就会出现大量各式各样的人工心智。

弄清楚高级人工智能是否拥有意识，与其他道德问题同等重要。如果你发现邻居受了重伤，那么你就有叫救护车的道德义务；而如果确定人工智慧生物拥有意识，那么你对它们也会有相似的义务。不过，要论各种泛心论中不那么复杂的意识形式，比如存在于恒温器和电子中的意识，那么幸福、受苦这些概念就不适用了。将我们的伦理范围延伸至与我们大异其趣的系统似乎也言之过早。神经科学中关乎人类受苦的问题（如"阿曼达的体验是否真的被麻醉中断？"），显然才是此时最需要科学家解决的事情。

这里再一次着重强调，我列出的两条探究之路并不互斥，但它们很可能会一直保持相互独立的状态。例如，我们既发现意识无处不在，同时又知道一个人的**特定体验**会在某些神经条件下消失，此时这个人实际上就是无意识的，比如昏迷了，或是处于麻醉状态。还有，很可能只有复杂的心智才能体会极大的幸福和极深的痛苦。在这种情况下，即使某种泛心论是对的，也不代表所有意识之岛都平等，需要同等重视和理解。我们这种合一的复杂心智能够感受极深痛苦的事实依旧不变，而且我们应当尽力帮助所有生物避免这种情况。如果我们一次只能探索一条路来解决意识之谜（所幸事实并非如此！），我会优先考虑安尼尔·赛思和朱利奥·托诺尼的做法。不过，更深的谜团显然值得科学研究继续跟进，而且现在需要为探究知识的好奇心与求索心辩护几句，以保证它们的价值。我同意帝国理工学院认知机器人学教授默里·沙纳汉（Murray Shanahan）的结论：

> 我认为，将人类的意识置于范围更大的可能性之中，是我们能实行的最深刻的哲学计划之一，而它也容易被人忽视。我们没有巨人的肩膀可站，只能尽力在黑暗中举起些许火光。[10]

显然，我们当前看到的整体图景，连同一长串没有明确答案的问题，让我们有不错的理由继续用更多创新的方式去思考意识，特别是继续保持"意识比直觉相信的样子更深刻"的观点。然而，只有将探究意识本质看成值得满足我们好奇心的谜团，这条路才能一直前进。

第八章
意识与时间

经历了安静的10分钟集体冥想练习后，我教授的正念课上的二年级学生们纷纷举手想要分享自己的体验。[1]第一个发言的孩子说出了一个简单但深刻的发现："我感觉到的总是现在，但其实**现在并不存在**，它一直在变动！"她说得很大声，为发觉的奇妙感觉激动不已。我很高兴看到她发现了意识之谜与时间之谜的关系：我们的意识是在时间中体验的，与之密不可分。

许多神经科学家考虑过这种可能：我们活在当下、时间沿一个方向连续流动的感觉是幻觉。加利福尼亚大学洛杉矶分校的神经科学家迪恩·博南诺（Dean Buonomano）在《大脑是台时光机》（*Your Brain Is a Time Machine*）一书中解释说，时间的流动究竟是幻觉还是关于实在本质的真正见解，部分取决于物理学中这两种对立的观点（见图8.1）谁对谁错：

1. 当下论：时间在流动，且只有当下是"真实"的。
2. 永恒论：我们活在一个"宇宙块"内，时间更接近空间——你在其中一处（或者说一瞬）不代表其他地方（或瞬间）不能"同时"存在。

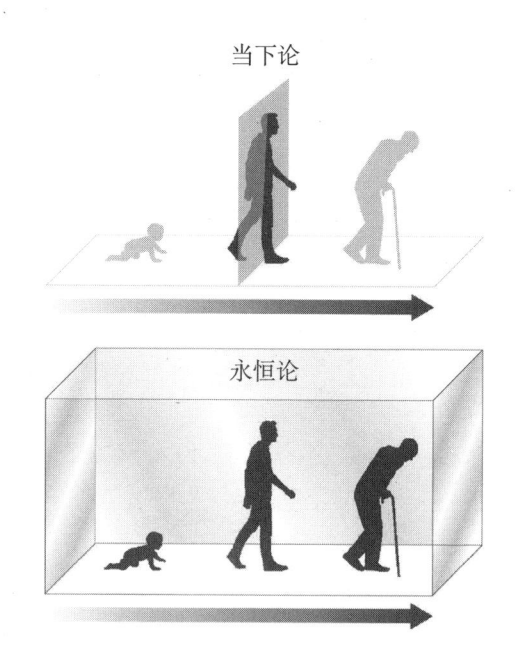

图 8.1 关于时间本质的两种观点

博南诺对时间本质问题之难的解释是：

这两种观点对时间的本质提出了两种不相容的理念，但它们都认为其中的根本问题是我们对时间流逝的感觉。然而，解决这个问题将会是项艰巨的任务，因为我们对时间的主观感受恰好就在一连串科学未解之谜的中心：意识、自由意志、量子力学，还有时间的本质。[2]

在令人费解的量子领域，约翰·惠勒（John Wheeler）的延迟选择实验为时间与意识关系的问题又增添了神秘的一笔。这个实验受量子力学中经典的双缝实验启发。双缝实验的内容是，光直射在一块刻有两道平行狭缝的挡板后，会变得像波一样——光会穿过狭缝，在挡板后的屏幕上形成干涉图案。即使**一次只发射一个光子**，结果也一样（见图 8.2a）。这说明，虽然根据经典物理学，单个光子之间不会发生真正的干涉，但不知为何它们还是产生了干涉图案。仿佛每个光子都像波一样，同时穿过了两道狭缝。

然而，如果在狭缝处探测每个光子究竟穿过了哪条缝隙，那么光子就会变得像粒子那样，只穿过这条或那条狭缝，在屏幕上形成两条平行的光带（和粒子的预期结果一样），而不再出现干涉图案（见图 8.2b）。

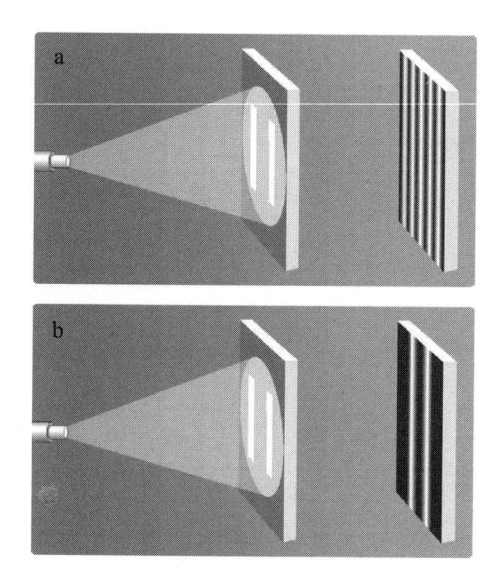

图 8.2 双缝实验

由这个实验可知，光会因为是否被检测而有不同的表现。没有测量，光就像波；受到测量，光就会呈现单个粒子的特征。有人提出，要让光表现得像粒子，不仅要做测量，还得让测量受到有意识的观察。我不清楚谁能斩钉截铁地确定意识与双缝实验的奇特结果有关联，这里我同意包括惠勒在内的科学家的共识：光子在与**某物**相互作用之前，能同时存在多种可能的状态，而这个某物不必具有意识。（当然，如果我们发现意识是物质的基本属性，那这句话就得改改了，因为此时意识必然与所有测量都有联系。）

惠勒似乎还嫌上述结果不够匪夷所思，又向其中加入了时间因素，得到了这样的预言：即使在光子穿过狭缝**之后**才测量，我们依然会得到相同的结果。这样，光子就显得像是一个**时间倒流**的粒子。[3] 换句话说，惠勒预言当下的测量可以神奇地影响过去。这就是延迟选择实验，它最终在 2007 年得到检验，惠勒的预言说中了。[4]

惠勒还提出了一个相关的思想实验。他设想测量这样一个光子，它由十几亿光年外的类星体发射，途经一颗黑洞，最后进入地球上的望远镜之中。与双缝实验类似，光会被黑洞的引力效应分裂，造成引力透镜现象——这是一种光学幻影，我们能看到一个光源（诸如类星体）的好几个像。如果我们测量惠勒那个宇宙学思想实验中的单个光子，会发生什么？对此，加利福尼亚大学尔湾分校的认知科学家唐纳德·霍夫曼（Donald Hoffman）在与作家罗布·里德（Rob Reid）的访谈中做出了解释：

> 对于每个飞向我们的光子，你可能会问它是从左边［还是右边］来的。［假设］我打算测量

它从哪边来，然后发现是左边。这样，我就可以说，在过去100亿年里，这个光子从类星体出发，经过了引力透镜的左侧。但如果我不测这个，而是改为测量干涉图案，那么说它在这100亿年里经过了左侧［路线］就不对了。所以，我现在做的选择决定了这个光子100亿年的历史。[5]

惠勒的实验揭示了光的诸多难以理解的事实，对此还须补充一点：如果意识真的是物质的某种固有属性，那么他的实验也表明，意识与时间具有非常奇怪而且反直觉的关系。

暂且不论量子力学的烧脑本质，我们还是回到相对简单的问题，即人类对当下的体验。不论时间的真正本质是什么，我们都知道，意识体验不能准确呈现世上每个事件的顺序。我们已经看到，大脑会通过不同步骤整合感官接收器在不同时刻接收的信息，并将它们包装成紧凑的、当下的整体传给我们。但我们依然想知道**意识体验本身**与时间是什么关系。通过冥想等注意力训练仔细关注自己在每一瞬的体验，或只是大体上思索个人体验的神秘感，都会得到许多与时间相关的有趣问题：意识的一瞬是多长时间？意识是连续平滑的，还是闪烁零散的（我们如何发现二者的区别）？当下是什么，是幻觉吗？**时间本身**是幻觉吗？

这些与意识有关的问题不仅重要（尤其是现在，科学家和哲学家进入了超级智能机器时代），本身也十分有趣、引人思考。拉马钱德兰在《会讲故事的大脑》(*The Tell-Tale Brain*)中细致地探讨了科学破解意识之谜的可能性："除非神经学界出一个爱因斯坦式的人物，否则这样的进展对于现在的认识水平来说，就像分子遗传学对于中世纪的人那样难以理解。"[6]

从现有的观点看，我们似乎不太可能真正理解意识的本质。然而，我们有可能搞错了知识的绝对边界。人类还很年轻，才刚刚开始理解我们在宇宙中所处的一隅。在我们继续望向天外、思考实在的本质之时，应记得还有一个谜团就在我们的所立之处。

致 谢

我探究意识多年，又与意识研究领域的许多专家做过漫长的讨论，本书就是这些工作的成果。感谢以下科学家和哲学家拨冗与我这个外行交流意见（并充分讨论！），他们是：唐纳德·霍夫曼、安尼尔·赛思、克里斯托夫·科赫、丽贝卡·戈尔茨坦、迪恩·博南诺、菲利普·戈夫、亚当·弗兰克、托马斯·梅辛格（Thomas Metzinger）。与他们谈论意识话题是非常有趣的经历。

在这个课题从浓厚的兴趣变为一篇长文，再变为一本小书的过程中，有许多朋友和同事提供了重要的帮助。感谢所有阅读了本书初稿并提出意见、将他们的好奇心和敏锐见解与我分享的科学家、哲学家、艺术家，他们是：伊莎贝尔·伯梅克（Isabelle Boemeke）、肖恩·卡罗尔（Sean Carroll）、大卫·查尔默斯、安东尼奥·达马西奥（Antonio Damasio）、加文·德·贝克尔（Gavin de Becker）、大卫·伊格曼、埃米·埃尔登（Amy Eldon）、迈克尔·加扎尼加、戴维·盖利斯（David Gelles）、约瑟夫·戈尔茨坦、丹尼尔·戈尔曼（Daniel Goleman）、亚当·格兰特（Adam Grant）、苏珊·凯瑟·葛凌兰、丹·哈里斯（Dan Harris）、娜塔莉亚·霍尔特（Nathalia Holt）、苏珊娜·赫德森（Suzanne Hudson）、马尔科·亚科博尼（Marco Iacoboni）、戴维·雅内（David Janet）、阿米·朗克洛（Amy Lenclos）、伊恩·麦吉尔克里斯特、托马斯·内格尔、罗布·里德、凯茜·伦茨（Casey Rentz）、默里·沙纳汉、贾森·席尔瓦（Jason Silva）、苏珊·斯莫利（Susan Smalley）、盖伦·斯特劳森、迈克斯·泰格马克（Max Tegmark）、达利特·托莱达诺（Dalit Toledano）、朱利奥·托诺尼、乔·德特杜巴（Jon Turteltaub）、蒂姆·厄本（Tim Urban）、D. A. 沃勒克（D. A. Wallach）、里舍勒·里奇·沃特斯（Richelle Rich Waters）、黛安娜·温斯顿（Diana Winston）、卡莉卡·叶（Kalika Yap）。特别感谢戈登·古尔德（Gordon Gould）推了我一把，让我鼓起勇气公开泛心论的观点，并让我最终拿起笔写下了这一切。

衷心感谢阿米·雷内尔（Amy Rennert），她是我的童书《我想知道》（*I Wonder*）的代理人，这次从最开始就一直支持我，我也总是相信她的直觉。没有她，就不会有这本书。也衷心感谢本书的代理人约翰·布罗克曼（John Brockman），他冒险给了这本主题有些离经叛道的书一个机会；也感谢马克斯·布罗克曼（Max Brockman）帮忙说服约翰迈出了这一步。约翰·布罗克曼和卡金卡·布罗克曼（Katinka Brockman）是我多年的挚友，这里难以尽数列举他们对我的启发与支持。我不仅庆幸自己能与他们共事，还以能与这两位我敬佩的人交往而感到荣幸。我还要衷心感谢我的编辑和导师萨拉·利平科特（Sara Lippincott），她的兴趣和自信让我备受鼓舞。因为她的无价付出，本书也变得更加严密、更加生动。我也感谢哈珀·柯林斯出版集团的编辑萨拉·豪根（Sarah Haugen）的热情与耐心，我们共同将这个复杂而有争议的课题处理得恰到好处。她花费了很多心思将我拉出舒适区，本书也因此变得更有分量。

我家请的罗斯玛丽（Rosmari）阿姨在我埋头研究和写作期间帮我料理家事（也管住了孩子，没让他们突然闯进我在家中的办公房间）。我非常信赖她，因而可以自在地从事喜欢的工作——我深知，如今鲜有女性能有这般"奢侈"，为此我对她深表感激。

保罗·威特（Paul Witt）即使在重病之际也无私地向

我反馈他的专业见解,奈何天不假年,他没能读到最后的书稿。本书从他的天才智慧中受益匪浅。我们都非常怀念他,书页当中也错失了他的一抹风采。

我由衷感谢我的姐妹布里安娜(Brianna)和珍(Jen),她们一直在担当热心读者,直到定稿的最后时刻还在提供反馈(用短信提出最终的改动)。有幸与她们相识,获得她们天赋的编辑技巧相助。也由衷感谢我的母亲,她是我的第一个,也是最忠实的编辑,为我提供了无尽的支持。

最后,也是最重要的感谢,要献给萨姆(Sam)、艾玛(Emma)和维奥莱特(Violet),他们的爱是我意识当中最宝贵、最珍视的体验。

注　释

第一章

1. Thomas Nagel, "What Is It Like to Be a Bat?," *The Philosophical Review* 83, no. 4 (1974): 435−450.
2. Rebecca Goldstein, "The Hard Problem of Consciousness and the Solitude of the Poet," *Tin House* 13, no. 3 (2012): 3.
3. 这个大谜题通常被表述为："为什么世界存在某物而不是空无一物？"但我觉得更有意思（与意识难题也更相似）的问题是：某物如何生于无物？换句话说，提出这个问题本身有没有意义？我们如何想象从无物中产生某物的过程？
4. David Chalmers, "Facing Up to the Problem of Consciousness," *Journal of Consciousness Studies* 2, no. 3 (1995): 200−219. 另见 Galen Strawson, chapter 4, *Mental Reality* (Cambridge, MA: MIT Press, 1994): 93–96。

第二章

1. Ap Dijksterhuis and Loran F. Nordgren, "A Theory of Unconscious Thought," *Perspectives on Psychological Science* 1, no. 2 (June 2006): 95–109; Erik Dane, Kevin W. Rockmann,

and Michael G. Pratt, "When Should I Trust My Gut?," *Organizational Behavior and Human Decision Processes* 119, no. 2 (November 2012): 187–194, https://doi.org/10.1016/j.obhdp.2012.07.009.
2. Liz Fields, "What Are the Odds of Surviving a Plane Crash?," ABC News, 12 March 2014, https://abcnews.go.com/International/odds-surviving-plane-crash/story?id=22886654.
3. Daniel Chamovitz, *What a Plant Knows: A Field Guide to the Senses* (New York: Farrar, Straus & Giroux, 2012), 68–69.
4. Gareth Cook, "Do Plants Think?," *Scientific American*, 5 June 2012, https://www.scientificamerican.com/article/do-plants-think-daniel-chamovitz/.
5. Suzanne Simard, "How Trees Talk to Each Other," TED talk, June 2016, www.ted.com/talks/suzanne_simard_how_trees_talk_to_each_other.
6. Nic Fleming, "Plants Talk to Each Other Using an Internet of Fungus," BBC News, 11 November 2014, http://www.bbc.com/earth/story/20141111-plants-have-a-hidden-internet; Paul Stamets, "6 Ways Mushrooms Can Save the World," TED talk, March 2008, https://www.ted.com/talks/paul_stamets_on_6_ways_mushrooms_can_save_the_world.
7. Lauren Goode, "How Google's Eerie Robot Phone Calls Hint at AI's Future," *Wired*, 8 May 2018, https://www.wired.com/story/google-duplex-phone-calls-ai-future; Bahar Gholipour,

"New AI Tech Can Mimic Any Voice," *Scientific American*, 2 May 2017, https://www.scientificamerican.com/article/new-ai-tech-can-mimic-any-voice.
8. 换句话说，如果意识是经过一连串信息处理后才出现的，那么存在体验这件事是否会对之后的大脑处理产生重大作用？意识是否会影响大脑？另见 Max Velmans, *How Could Conscious Experiences Affect Brains*? (Charlottesville, VA: Imprint Academic, 2002), 8–20。
9. Masao Migita, Etsuo Mizukami, and Yukio-Pegio Gunji, "Flexibility in Starfish Behavior by Multi-Layered Mechanism of Self-Organization," *Biosystems* 82, no. 2 (November 2005): 107–115, https://doi.org/10.1016/j. biosystems.2005.05.012.

第三章

1. David Eagleman, *The Brain: The Story of You* (New York: Pantheon, 2015), 53.
2. 脑电图是一种非侵入式的手段，能够通过贴在头皮上的电极测量脑部的电活动。
3. 例见 Chun Siong Soon, Anna Hanxi He, Stefan Bode, and John-Dylan Haynes, "Predicting Free Choices for Abstract Intentions," *Proceedings of the National Academy of Sciences* 110, no. 15 (April 2013) 6217–22; DOI: 10.1073/pnas.1212218110; Itzhak Fried, Roy Mukamel, and Gabriel Kreiman, "Internally Generated Preactivation of Single Neurons in Human Medial Frontal Cortex

Predicts Volition," *Neuron* 69, no. 3 (February 2011): 548–562, https://doi.org/ 10.1016/j.neuron.2010.11.045; Aaron Schurger, Myrto Mylopoulos, and David Rosenthal, "Neural Antecedents of Spontaneous Voluntary Movement: A New Perspective," *Trends in Cognitive Sciences* 20, no. 2 (February 2016): 77–79, https://doi.org/10.1016/j.tics.2015.11.003。

4. 引自 Susan Blackmore, *Conversations on Consciousness* (New York: Oxford University Press, 2006), 252–253; 另见 Daniel Wegner and Thalia Wheatley, "Apparent Mental Causation: Sources of the Experience of Will," *American Psychologist* 54, no. 7 (July 1999): 480–492。

5. 例见 Daniel Wegner, *The Illusion of Conscious Will* (Cambridge, MA: MIT Press, 2003), 3–15。

6. 对此议题更详尽的分析，可参见 Sam Harris, *Free Will* (New York: Free Press, 2012)。

第四章

1. Kathleen McAuliffe, *This Is Your Brain on Parasites* (Boston: Houghton Mifflin Harcourt, 2016), 57–82.
2. McAuliffe, 79.
3. McAuliffe, 25–31.
4. Natalie Angier, "In Parasite Survival, Ploys to Get Help from a Host," *New York Times*, 26 June 2007, https://www.nytimes.com/2007/06/26/science/26angi.html.

5. Henry Fountain, "Parasitic Butterflies Keep Options Open with Different Hosts," *New York Times*, 8 January 2008, https://www.nytimes.com/2008/01/08/science/08obmimi.html.
6. Mary Bates, "Meet 5 'Zombie' Parasites That Mind-Control Their Hosts," *National Geographic*, 2 November 2014, https://news.nationalgeographic.com/news/2014/10/141031-zombies-parasites-animals-science-halloween/.
7. Melinda Wenner, "Infected with Insanity," *Scientific American Mind*, May 2008, 40–47, https://www.scientificamerican.com/article/infected-with-insanity/.
8. "PANDAS—Questions and Answers," National Institute of Mental Health, NIH Publication No. OM 16-4309, September 2016, https://www.nimh.nih.gov/health/publications/pandas/pandas-qa-508_01272017_154202.pdf.
9. David Chalmers, *The Conscious Mind* (New York: Oxford University Press, 1996), 198–199.

第五章

1. Kathleen A. Garrison et al., "Meditation Leads to Reduced Default Mode Network Activity Beyond an Active Task," *Cognitive, Affective & Behavioral Neuroscience* 15, no. 3 (September 2015): 712, https://doi.org/10.3758/s13415-015-0358-3; Judson A. Brewer et al., "Meditation Experience Is Associated with Differences in

Default Mode Network Activity and Connectivity," *Proceedings of the National Academy of Sciences* 108, no. 50 (13 December 2011): 20254–20259, https://doi.org/10.1073/pnas.1112029108.

2. Robin Carhart-Harris et al., "Neural Correlates of the LSD Experience Revealed by Multimodal Imaging," *Proceedings of the National Academy of Sciences* 113, no. 17 (26 April 2016): 4853–4858, https://doi.org/10.1073/ pnas.1518377113.

3. Ian Sample, "Psychedelic Drugs Induce 'Heightened State of Consciousness,' Brain Scans Show," *Guardian*, 19 April 2017, https://www.theguardian.com/science/2017/apr/19/brain-scans-reveal-mind-opening-response-to-psychedelic-drug-trip-lsd-ketamine-psilocybin.

4. Michael Pollan, *How to Change Your Mind* (New York: Penguin Press, 2018), 304–305.

5. Erin Brodwin, "Why Psychedelics like Magic Mushrooms Kill the Ego and Fundamentally Transform the Brain," *Business Insider*, 17 January 2017, https://www.businessinsider.com/psychedelics-depression-anxiety-alcoholism-mental-illness-2017-1.

6. Pollan, *How to Change Your Mind*, 305.

7. Brodwin, "Why Psychedelics like Magic Mushrooms Kill the Ego and Fundamentally Transform the Brain."

8. Michael Harris, "How Conjoined Twins Are Making Scientists Question the Concept of Self," *The Walrus*, 6 November 2017, https://thewalrus.ca/how-conjoined-twins-are-making-scientists-

question-the-concept-of-self/.

9. Andrew Olendzki, *Untangling Self* (Somerville, MA: Wisdom Publications, 2016), 2. 奥伦茨基在第 3 页继续写道："任何事物都没有固有的身份，只有我们用来指涉它们的标签，比如云、雨滴、水坑等。一切人、地点和物品都只是名字，是我们对紧密依存、连续不断的自然事件里某些特定模式的命名。所以，人又有什么不同呢？……'乔'这个人，当然只是某些条件在某种方式下出现的事物，等这些条件变化到一定程度后，'乔'也就不复存在。……在某些条件下乔还活着；等条件变化，使乔的生命不再显现时，他便不再活着。他不是那种可以去往某些地方（例如上天堂或进入另一具躯体）的东西，除非是以最抽象的角度去描述他的各种组分的循环，那或许可以这么说。这就像夏天的暴风雨一样自然而然。"

10. BrainPort 由威斯康星州一家叫作 Wicab 的公司发明。

11. Eagleman, *The Brain: The Story of You*, 187.

12. David Eagleman, "Can We Create New Senses for Humans?," TED talk, March 2015, https://www.ted.com/talks/david_eagleman_can_we_create_new_senses_for_humans.

13. 更多内容请参见 Olaf Blankee, "Out-of-Body Experience: Master of Illusion," *Nature* 480, no. 7376 (7 December 2011), https://www.nature.com/news/out-of-body-experience-master-of-illusion-1.9569; Ye Yuan and Anthony Steed, "Is the Rubber Hand Illusion Induced by Immersive Virtual Reality?," in *IEEE Virtual Reality 2010 Proceedings*, eds. Benjamin Lok, Gudrun Klinker, and

Ryohei Nakatsu (Piscataway, NJ: Institute of Electrical and Electronics Engineers, 2010), 95–102.

14. Anil Seth, "Your Brain Hallucinates Your Conscious Reality," TED talk, April 2017, https://www.ted.com/ talks/ anil_seth_how_your_brain_hallucinates_your_conscious_reality.

15. 例见 Iain McGilchrist, *The Master and His Emissary* (New Haven, CT: Yale University Press, 2009)。

16. Christof Koch, *The Quest for Consciousness* (Englewood, CO: Roberts & Company, 2004), 287–294.

17. Koch, 292.

18. Michael Gazzaniga, "The Split Brain Revisited," *Scientific American*, July 1998, 54.

19. McGilchrist, *Master*, 220–221.

第六章

1. 《牛津英语词典》(*Oxford English Dictionary*) 将"泛心论"定义为"相信一切物质都具有意识要素的理论"。另见 Stanford *Encyclopedia of Philosophy*, s.v. "panpsychism," revised 18 July 2017, https://plato.stanford.edu/ entries/panpsychism/。

2. Philip Goff, "Panpsychism Is Crazy, but It's Also Most Probably True," *Aeon*, 1 March 2017, https://aeon.co/ ideas/panpsychism-is-crazy-but-its-also-most-probably-true. 戈夫在这篇以及其他文章中对泛心论的观点做了强有力的论证，但许多人（包括我自己在内）不同意他这篇讨论"宇宙泛心论"的文

章 ("Is the Universe a Conscious Mind?," *Aeon*, 8 February 2018, https://aeon.co/essays/cosmopsychism-explains-why-the-universe-is-fine-tuned-for-life) 提出的假设，即："宇宙具有意识，且……人和动物的意识来自宇宙本身的意识，而不是基本粒子的意识。" 戈夫猜测，宇宙 "知晓自身行为的结果"。我认为他的论断错了，戈夫本人后来也改变了看法，将想法写在了 2018 年 4 月 24 日的博文中：https://conscienceandconsciousness.com/2018/04/24/a-change-of-heart-on-fine-tuning/。

3. David Chalmers, "Strong and Weak Emergence," in *The Re-Emergence of Emergence: The Emergentist Hypothesis from Science to Religion*, eds. Philip Clayton and Paul Davies (New York: Oxford University Press, 2008).

4. David Skrbina, *Panpsychism in the West* (Cambridge, MA: MIT Press, 2017), 189–190. 盖伦·斯特劳森也得出了 "不存在强涌现" 的结论，见 "Physicalist panpsychism," in Susan Schneider and Max Velmans, eds., *The Blackwell Companion to Consciousness*, 2nd ed. (Hoboken, NJ: Wiley-Blackwell, 2017), pp. 384–385。

5. Skrbina, *Panpsychism in the West*, 194–195.

6. 大卫·查尔默斯区分了 "弱涌现" 和 "强涌现"。他这么描述弱涌现："各种'涌现'性质其实都可以由低层次的性质推出（或许过程十分困难），或许还要结合初始条件，所以［以意识的形式出现的］强涌现在这里不存在。"（Chalmers, "Strong and Weak"）

7. Galen Strawson, "The Consciousness Deniers," *NYR Daily* (blog), *New York Review of Books*, 13 March 2018, https://www.nybooks.com/daily/2018/03/13/the-consciousness-deniers/.
8. Blackmore, *Conversations on Consciousness*, 28.
9. 矛盾的是,在我看来,将意识称为幻觉与断言万物都可能拥有意识不过是一墙之隔。
10. Galen Strawson, "Physicalist panpsychism," in Schneider and Velmans, eds., *The Blackwell Companion to Consciousness*, pp. 376–384.
11. V. S. Ramachandran, *The Tell-Tale Brain* (New York: W. W. Norton, 2011), 248.
12. Peter Hankins, "Francis Crick," *Conscious Entities* (blog), 9 August 2004, http://www.consciousentities.com/ crick.htm. 另见 Francis Crick, *The Astonishing Hypothesis* (New York: Simon & Schuster, 1995), chap. 17。
13. "扎压"以朱利奥·托诺尼的整合信息理论(integrated information theory,IIT)为基础,见 Giulio Tononi et al., "Integrated Information Theory: From Consciousness to Its Physical Substrate," *Nature Reviews Neuroscience* 17, no. 7 (July 2016): 450–461, https://www.nature.com/articles/nrn.2016.44。
14. Christof Koch, "How to Make a Consciousness Meter," *Scientific American*, November 2017, 28–30.
15. Steve Paulson, "The Spiritual, Reductionist Consciousness of Christof Koch," *Nautilus*, 6 April 2017, http://nautil.us/issue/47/consciousness/the-spiritual-reductionist-consciousness-of-

christof-koch.
16. 同上。
17. Chalmers, *Conscious Mind*, 294–295.
18. 即使我们承认将意识视为一种辅助生存的进化功能是有意义的，"物质系统能产生这种非物质的性质"的观点也提示我，意识一直都是物质系统可以取用的属性，这又将我们带回了泛心论的说法。
19. Adam Frank, "Minding Matter," *Aeon*, 13 March 2017, https://aeon.co/essays/materialism-alone-cannot-explain-the-riddle-of-consciousness.
20. Skrbina, *Panpsychism*, 9, 17.
21. 同上, 235–236。
22. Gregg Rosenberg, "Rethinking Nature: A Hard Problem within the Hard Problem," in *Explaining Consciousness: The "Hard Problem,"* ed. Jonathan Shear (Cambridge, MA: MIT Press, 1997), 287–300.

第七章

1. 2018年3月16日与丽贝卡·戈尔茨坦的私人交流。
2. Galen Strawson, "Consciousness Isn't a Mystery. It's Matter," *New York Times*, 16 May 2016, https://www.nytimes.com/2016/05/16/opinion/consciousness-isnt-a-mystery-its-matter.html. 另见 Galen Strawson, "Consciousness Never Left," in K. Almqvist

and A. Haag, eds., *The Return of Consciousness: A New Science on Old Questions* (Stockholm: Ax:son Johnson Foundation, 2017): 87–103。斯特劳森等人同样倾向于将这个谜团表述为意识为什么存在,而不是意识是什么。我也曾反复推敲如何表达这个问题。我用"为什么"提出这个疑问,它的问题在于含有宗教的隐喻。引入下面这个既有的回答也会损害意识难题:"当然,我们有意识的原因是我们的神经元在做着使我们有意识的事情。"然而,如果我用"什么"来表述,就变成"意识的成因是**什么**?整体的解释是**什么**?""什么"的问题还容易让人联想到下列问题:意识是物质的固有属性吗?它从哪里来?它究竟是什么?

3. Skrbina, *Panpsychism*, 260.
4. *Stanford Encyclopedia of Philosophy*, s. v. "panpsychism," https://plato.stanford.edu/entries/panpsychism/ #OtheArguForPanp.
5. David Chalmers, "The Combination Problem for Panpsychism," in *Panpsychism: Contemporary Perspectives*, eds. Godehard Bruntrup and Ludwig Jaskolla (New York: Oxford University Press, 2003).
6. 另见 William Hirstein, *Mindmelding: Consciousness, Neuroscience, and the Mind's Privacy* (New York: Oxford University Press, 2012)。
7. 唐纳德·霍夫曼提出的新理论"意识现实主义"(conscious realism)可归为此类。他的理论建立在这样的思想上:进化选择的是生物的适应性,而不是选出某种感知能力,让我们明白实在的基础本质。根据霍夫曼的说法,自然选择若要有效选出最适应生存的生物，实际上必然会选出**不能**感知实在的个体。因此，我们感知的一切事物，包括空间和时间，都不是正确看待更深层实在本质的视角。霍夫曼由此论证说，实在的基本组分不能用时空物质的术语来描述，而必然是意识的一种形式，与他所谓的"意识代理"（conscious agents）系统相互联系。不论霍夫曼的理论是否正确，他的工作都具备科学上的严谨性，并给出了有潜力的研究路线，至少也可以帮助我们找到一个支点，否则我们将没有任何立足的希望——同时，他还有望突破直觉的极限，拓展我们思考宇宙的方式。参见 Donald Hoffman, *The Case Against Reality: Why Evolution Hid the Truth from Our Eyes* (New York: W. W. Norton & Company, 2019)。

8. Anil Seth, "Conscious Spoons, Really? Pushing Back against Panpsychism," *NeuroBanter* (blog), 1 February 2018, https://neurobanter.com/2018/02/01/conscious-spoons-really-pushing-back-against-panpsychism/.

9. Rebecca Goldstein, "Reduction, Realism, and the Mind" (PhD dissertation, Princeton University, 1977)；另有 2018 年 3 月 16 日与丽贝卡·戈尔茨坦的私人交流。

10. Murray Shanahan, "Conscious Exotica: From Algorithms to Aliens, Could Humans Ever Understand Minds That Are Radically Unlike Our Own?," *Aeon*, 19 October 2016, https://aeon.co/essays/beyond-humans-what-other-kinds-of-minds-might-be-out-there.

第八章

1. 苏珊·凯瑟·葛凌兰（Susan Kaiser Greenland）教会了我如何教导儿童进行正念冥想。2005 年开始，我一直在葛凌兰的"内在小孩"（Inner Kids）基金会当志愿者。参见 https://www.susankaisergreenland.com。
2. Dean Buonomano, *Your Brain Is a Time Machine* (New York: W. W. Norton, 2017), 216.
3. John A. Wheeler, "Law Without Law," in *Quantum Theory and Measurement*, eds. John A. Wheeler and Wojciech H. Zurek (Princeton, NJ: Princeton University Press, 1984), 182–213.
4. Vincent Jacques et al., "Experimental Realization of Wheeler's Delayed-Choice Gedanken Experiment," *Science* 315, no. 5814: 966–968, 16 February 2007, https://doi.org/10.1126/science.1136303.
5. Rob Reid and Donald Hoffman, "The Case against Reality," *After On* (podcast), episode 26, 30 April 2018; 另见 John A. Wheeler, "Law Without Law," 190。
6. Ramachandran, *Tell-Tale Brain*, 249.

索引[1]

accountability 责任, 32
afterlife 死后生活, 30
Alcon blue butterfly 阿尔康蓝蝶, 39–40
altered states of consciousness 意识的其他状态, 50
anesthesia 麻醉, 14, 74–75, 99
Angier, Natalie 娜塔莉·安吉尔, 38–39
anthropocentrism 人类中心主义, 90
ant larvae 蚂蚁幼虫, 40
anxiety 焦虑, 50–51
artificial intelligence (AI) 人工智能, 14, 18–20, 99
atoms 原子, 84, 90–91

baby 胎儿, 6

bacteria 细菌
　consciousness and 意识与～, 76–77, 79, 83–84
　influence of, on behavior ～对行为的影响, 38–41
bat 蝙蝠, 53–54
Bauby, Jean-Dominique 让-多米尼克·鲍比, 13–14
bees 蜜蜂, 54
behavior 行为
　consciousness and 意识与～, 18–21, 44, 79
　free will and 自由意志与～, 30–33, 41–42
　internal reasoning and 内部推理与～, 32
　learning and 学习与～, 32
　memory and 记忆与～, 32

---

[1] 索引中的页码为英文原书页码，即本书边码，见于正文侧边。——译者注

parasites and 寄生虫与～, 37–41

binding process 绑定过程, 25–26, 109

    interrupted 受干扰的～, 47–48

blindness 失明, 54

Block, Ned 内德·布洛克, 71

blood sugar 血糖, 55

bodily organs 身体器官

    consciousness and 意识与～, 76–77, 79

    "self" vs. "自我"与～的比较, 30, 73

brain 脑/大脑

    absence of 没有～, 15

    areas of ～区, 73

    binding and 绑定与～, 25–26

    complex processes in ～中的复杂过程, 72, 97–98

    consciousness vs. 意识与～的比较, 96

    damaged 受损的～, 31, 33, 75

    decision making and 做决定与～, 27

    deep structures of ～的深层结构, 61

    delay in signals and 信号延迟与～, 25–26

    ethics and 伦理与～, 33

    foreign objects in map of body and 身体和～图景里的异物, 55–56

    free will and 自由意志与～, 30–31, 33

    hemispheres of ～半球, 56–62

    human experience and 人类体验与～, 97–98

    meditation and 冥想与～, 51–52

    motor movement and 动作与～, 26–27

    panpsychism and 泛心论与～, 80

    parasites and 寄生虫与～, 37–38

prediction and 预测与～, 56

"self" and "自我"与～, 30

two connected 两个相连的～, 93–95

unconscious functions of body and 身体和～的无意识机能, 73

BrainPort Wicab 公司发明的一种设备, 54

Brodwin, Erin 艾琳·布罗德温, 50

Buddhism 佛教, 52

Buonomano, Dean 迪恩·博南诺, 103, 105

cancer 癌症, 50

Carhart-Harris, Robin 罗宾·卡哈特-哈里斯, 50

cats 猫, 37

cells 细胞, 76–77, 96

central nervous system 中枢神经系统, 15, 21

cerebellum 小脑, 77, 79

Chalmers, David 大卫·查尔默斯, 7, 20, 42–43, 78–79, 92, 97

Chamovitz, Daniel 丹尼尔·查莫维茨, 15–17

coma 昏迷, 74, 99

combination problem 合并问题, 91–96

communication 交流

 brain hemispheres and 大脑半球与～, 57–58

 locked-in syndrome and 闭锁综合征与～, 13–14

 trees and 树与～, 17–18

computers 计算机, 19

Conscious Mind, The (Chalmers)《有意识的心灵》(查尔默斯), 42–43, 78–79

"Consciousness Deniers, The" (Strawson)《否认意识存在者》(斯特劳森), 71

consciousness 意识. 另见 brain 脑/大脑; evolution 进化; free will 自由意志; panpsychism 泛心论

arising from nothing 从无物中出现的～, 7
available content and 可获得的内容与～, 92
beginning vs. end of life and 生命开端和末尾的比较与～, 52–53
behavior and 行为与～, 13, 20–21, 41, 44, 79
centers of ～中心, 62, 65, 75–76, 78
continuity and 连续性与～, 96, 109
defining 定义～, 3–7, 72, 77
delay in awareness and 觉知与～的延迟, 25–27
depth of, in universe ～在宇宙中的存在程度, 78, 97–98
detecting 检测～, 74–75
emergent phenomenon and 涌现现象与～, 70, 75
essential functions and 根本功能与～, 19–20

ethics and 伦理与～, 33, 99–100
evidence of ～存在的证据, 13–15, 19, 44, 65
existence of, outside brain 脑外存在的～, 80–82
existence of, without outward expression 没有外在表现而存在的～, 13, 78
hard problem of ～难题, 7, 67, 70–71, 97–99
human, as subset of 作为子集的人类～, 82–83, 90
jump to, from nonconsciousness 由无意识状态跳跃出～, 68–69
matter and 物质与～, 65–69, 79–80, 88–89, 96–97
memory vs. 记忆与～的比较, 90–91
mystery of ～谜团, 4–7, 42–43, 65, 68, 89–90, 98, 109–110
self and 自我与～, 49–51,

56, 78, 91–92, 96

thought vs. 思维与～的比较, 87–88, 90

time and 时间与～, 105, 108–109

two categories of questions on 两类～问题, 97–98

two questions on humans and 关于人类与～的两个问题, 12–14

"Conscious Spoons, Really?" (Seth)《意识之匙，开玩笑吧?》(赛思), 97

consequences 结果, 32

content, available 可获得的内容, 92–95

continuity 连续, 96

control 控制. 见 free will 自由意志

corpus callosotomy 胼胝体切除术, 56–57

corpus callosum 胼胝体, 56–57

cortical activity 大脑皮层活动, 27

cosmological thought experiment 宇宙学思想实验, 107–108

Crick, Francis 弗朗西斯·克里克, 73–74

crickets 蟋蟀, 39

Darwin, Charles 查尔斯·达尔文, 68

deafness 失聪, 54

death 死, 52–53

decision making 做决定, 27–28, 34

deep sleep 深度睡眠, 74, 78, 94

default mode network 默认模式网络, 49–50

delayed-choice experiment 延迟选择实验, 105, 107

dementia 痴呆, 75

Dennett, Daniel 丹尼尔·丹尼特, 20

deterrence 威慑, 32

disjunctive agnosia 分离失认症, 47
Diving Bell and the Butterfly, The (Bauby)《潜水钟与蝴蝶》(鲍比), 14
DNA 脱氧核糖核酸, 16
dogs 狗, 80
dopamine 多巴胺, 37–38
double-slit experiment 双缝实验, 105–106
Douglas fir 花旗松, 17–18
dreaming 做梦, 93–94
driving 开车, 12

Eagleman, David 大卫·伊格曼, 26, 54–55
easy problems 简单问题, 7
echolocation 回声定位, 53–54
electromagnetism 电磁力, 66
electrons 电子, 99
Elle 法国的一份时尚杂志, 13
emergent phenomena 涌现现象, 70, 75
emotion 情绪, 38, 53

empathy 同理心, 32
Encyclopedia of Philosophy (Edwards)《哲学百科全书》(爱德华兹), 83
energy 能量, 72
epilepsy 癫痫, 56
eternalism 永恒论, 104
ethics 伦理, 33, 99
evolution 进化, 44, 68–69, 79

false intuitions 错误的直觉, 12
fear 恐惧, 38, 41
fish 鱼, 78–79
Flegr, Jaroslav 雅罗斯拉夫·弗莱格尔, 39
fMRI 功能性磁共振成像, 49
foreign objects, integrated into body 整合进身体图景里的异物, 55–56
Frank, Adam 亚当·弗兰克, 80–82
free will 自由意志, 28–34, 37
  behavior and 行为与～, 41–42

split-brain and 割裂脑与～,
57–61

time and 时间与～, 105

Gazzaniga, Michael 迈克尔·加扎尼加, 26–27, 56, 60

Goff, Philip 菲利普·戈夫, 67

Goldstein, Joseph 约瑟夫·戈尔茨坦, 30

Goldstein, Rebecca 丽贝卡·戈尔茨坦, 7, 88–89, 98

Google 谷歌, 19

gravitational lensing 引力透镜, 108

gravity 万有引力, 66

Haldane, J. B. S. 霍尔丹, 69

hallucination, controlled 受控的幻觉, 56

hard problem 难题

  of consciousness 意识～, 7, 67, 70–71, 97–99

  of matter 物质～, 89–90

Harris, Michael 迈克尔·哈里斯, 51

heartbeat 心率, 56

Higgs field 希格斯场, 67–68

Hoffman, Donald 唐纳德·霍夫曼, 108

horsehair worm 铁线虫, 39

How to Change Your Mind (Pollan)《如何改变你的心智》（波伦）, 49

human mind 人类心智

  panpsychism vs. 泛心论与～的比较, 83–84

  suffering and 受苦与～, 99–100

  thought and 思维与～, 87–88, 90

  umwelt and 主体世界与～, 54

illusions 幻觉, 71

immune system 免疫系统, 40–41

impulse control 冲动控制, 53

information processing 信息处理, 66–67, 78–80
"In Parasite Survival, Ploys to Get Help from a Host" (Angier)《寄生虫生存策略：让宿主帮忙》（安吉尔）, 38–39
internal reasoning 内部推理, 32
International Space Station 国际空间站, 55
interpreter phenomenon 诠释者现象, 60
intuitions 直觉, 11–13, 76

ketamine 氯胺酮, 49
Koch, Christof 克里斯托夫·科赫, 59, 73–74, 76–77, 93

learning 学习, 32
LeDoux, Joseph 约瑟夫·勒杜, 60
Libet, Benjamin 本杰明·利贝特, 26

light 光
　behavior of ～的行为, 105–108
　plants and 植物与～, 16, 65
living vs. nonliving systems 生命与非生命系统的比较, 69
locked-in syndrome 闭锁综合征, 13–14, 75
love 爱, 41
LSD 麦角乙二胺, 49–50

machines 机器
　learning and 学习与～, 19
　superintelligent 超级智能～, 109
many-worlds interpretation 多世界诠释, 82
Massimini, Marcello 马尔塞洛·马西米尼, 74
Master and His Emissary, The (McGilchrist)《主人与特使》（麦吉尔克里斯特）, 61

matter, consciousness of 物质的意识, 68–70, 82–83, 88–93, 96–97, 107. 另见 panpsychism 泛心论

memory or thought vs. 记忆或思维与～的比较, 87–88, 90–91

McAuliffe, Kathleen 凯瑟琳·麦考利夫, 38

McGilchrist, Iain 伊恩·麦吉尔克里斯特, 61

meditation 冥想, 48, 51–52, 88, 103, 109

memory 记忆
  behavior and 行为与～, 32
  consciousness vs. 意识与～的比较, 87, 90–91
  personality and 性格与～, 53
  plants and 植物与～, 16–17
  self and 自我与～, 96

mental illness 精神疾病, 31, 38

microbiome 微生物, 55

Microsoft Outlook 微软 Outlook 软件, 19

"Minding Matter" (Frank) 《心物问题》(弗兰克), 80–81

Mind's Past, The (Gazzaniga) 《心智的过去》(加扎尼加), 26

motor movements 动作, 27

mycorrhizal networks 菌根网络, 17–18

Nagel, Thomas 托马斯·内格尔, 5, 53, 77

National Institute of Mental Health 美国国家精神卫生研究所, 40–41

neurons 神经元
  consciousness of individual 单个～的意识, 96
  processing by ～处理, 72–73, 75

neuropsychiatric symptoms 神经精神病学症状, 41

neuroscience 神经科学, 25–27,

51, 55, 57–59, 61, 72–77, 97, 99, 103
neurotransmitters 神经递质, 37–39
New Age 新纪元运动, 82
New York Review of Books《纽约书评》, 83
New York Times《纽约时报》, 38
non-duality 非二元, 49

OCD 强迫症, 41
Olendzki, Andrew 安德鲁·奥伦茨基, 52
orb spiders 圆蛛, 40

pain 疼痛, 41
PANDAS 伴有链球菌感染的小儿自身免疫性神经精神障碍（熊猫病）, 41
panpsychism 泛心论, 65–69, 72, 75–77, 88
  combination problem and 合并问题与～, 91–92, 95–96
  complex thought and 复杂思维与～, 90
  false conclusions and 错误结论与～, 83–84
  need for new label and 需要新标签与～, 96–98
  scientists and 科学家与～, 79–83
Panpsychism in the West (Skrbina)《西方泛心论》（什克尔比纳）, 68
"Panpsychism Is Crazy, but It's Also Most Probably True" (Goff)《泛心论很离谱，但也最有可能成真》（戈夫）, 67
paper birch 纸桦, 17–18
parahippocampus 副海马体, 49
parasites 寄生虫, 37–41
Patrizi, Francesco 弗朗切斯科·帕特里齐, 66
Penrose, Roger 罗杰·彭罗斯, 69

perturbational complexity index (PCI) 微扰复杂性指数, 74
phenomenology 现象学, 71
philosophical zombie 哲学僵尸, 20–21, 42
photons 光子, 105–108
physicalism 物理主义, 66, 72
pill bugs 鼠妇, 39
plants 植物, 15–18, 65, 83
Pollan, Michael 迈克尔·波伦, 49, 50
prediction 预测, 56
prefrontal cortex 前额皮层, 53
pregnancy 怀孕, 94
presentism 当下论, 104
present moment 当下, 103, 109
psilocybin 赛洛西宾, 49–50
psychedelic drugs 致幻药物, 49–50
psychological disorders 心理障碍, 40

qualia 感质, 72–73
quantum mechanics 量子力学, 12, 82, 105–108
quasar 类星体, 107–108

radical emergence 强涌现, 68–69
Ramachandran, V. S. 拉马钱德兰, 72–73, 109
rationalism 唯理论, 68
rats 老鼠, 37–38
Reid, Rob 罗布·里德, 108
Rensch, Bernhard 伯恩哈德·伦施, 69
responsibility 责任, 31–33
retrosplenial cortex 压后皮层, 49
robots 机器人, 18, 20, 42–43, 80
Rosenberg, Gregg 格雷格·罗森伯格, 83–84
rubber-hand illusion 橡胶手幻觉, 55–56

schizophrenia 精神分裂症, 32, 38

Scientific American《科学美国人》, 16

scientific reasoning 科学论证, 66, 68–69, 72

self 自我, 47, 88

    combination problem and 合并难题与～, 94

    consciousness vs. 意识与～的比较, 91–92, 96

    as illusion 作为幻觉的～, 94

    memory and 记忆与～, 96

    sensory input and 感官输入与～, 48–49

    split-brain and 割裂脑与～, 56–59

    suspension of ～的中断, 48–52

self-driving car 自动驾驶汽车, 31–33

self-regulation 自律, 32

sensory information 感官信息, 25–26

sensory substitutions 感官替换, 54–55

Seth, Anil 安尼尔·赛思, 55–56, 97, 100

Shanahan, Murray 默里·沙纳汉, 100

Simard, Suzanne 苏珊娜·西马德, 17–18

Skrbina, David 戴维·什克尔比纳, 68–69, 82, 90

slug 蛞蝓, 78–79

smartphones 智能手机, 80

soul 灵魂, 30, 66

sounds 声音

    delay in reaching brain ～延迟传入大脑, 25–26, 48

    plants and 植物与～, 16

speaking ability 说话能力, 53

Sperry, Roger 罗杰·斯佩里, 56

split-brain phenomenon 割裂脑现象, 56–62

Stanford Encyclopedia of Philosophy《斯坦福哲学

百科全书》, 91

starfish 海星, 21

startle response 惊吓反应, 48

Strawson, Galen 盖伦·斯特劳森, 71–72, 89–90

Streptococci bacteria 链球菌, 40–41

subliminal processing 潜意识处理, 74

technological devices 技术设备, 66, 78–79

TED talks TED 演讲, 17, 54–55

Tell-Tale Brain, The (Ramachandran)《会讲故事的大脑》(拉马钱德兰), 109

thermostats 恒温器, 78–79, 99

thorny-headed worm 棘头虫, 39

thought, complex 复杂思维, 27, 34, 48, 83–84, 87–88, 90–91

time 时间, 103–109

Tononi, Giulio 朱利奥·托诺尼, 74, 100

touch 触碰, 15, 17, 57, 88

Toxoplasma gondii 弓形虫, 37–39

transcranial magnetic stimulation (TMS) 经颅磁刺激, 74

trees 树, 17–18

Uexküll, Jakob von 雅各布·冯·于克斯库尔, 54

umwelt 主体世界, 54, 92

unconscious states, unconscious functions of body vs. 身体的无意识机能与无意识状态的比较, 73

universe, depth of consciousness in 意识在宇宙中的存在程度, 96–98

vegetative state 植物人状态, 75

Venus flytrap 捕蝇草, 16, 17

verbal communication 口头交流, 57–58

violent behavior 暴行, 32–33

virtual reality 虚拟现实, 55–56

visual agnosia 视觉失认症, 47

visual information 视觉信息, 25, 73–74

vitalism 生机论, 66

Wegner, Daniel 丹尼尔·韦格纳, 28–29

What a Plant Knows (Chamovitz)《植物知道生命的答案》（查莫维茨）, 15–16

"What Is It Like to Be a Bat?" (Nagel)《成为蝙蝠是什么感觉》（内格尔）, 5

Wheatley, Thalia 塔莉娅·惠特利, 28–29

Wheeler, John 约翰·惠勒, 105, 107–108

worm 蠕虫, 76–77, 79

Your Brain Is a Time Machine (Buonomano)《大脑是台时光机》（博南诺）, 103

"zip and zap" procedure "扎压"流程, 74

Conscious: A Brief Guide to the Fundamental Mystery of the Mind by Annaka Harris

Copyright ©2019 by Annaka Harris

Simplified Chinese Translation copyright © 2024 by China Renmin University Press Co., Ltd.

All Rights Reserved.

图书在版编目（CIP）数据

意识：心智的基本奥秘/（美）安娜卡·哈里斯（Annaka Harris）著；杨晨译. -- 北京：中国人民大学出版社，2024.1
书名原文：Conscious: A Brief Guide to the Fundamental Mystery of the Mind
ISBN 978-7-300-32320-6

Ⅰ.①意… Ⅱ.①安… ②杨… Ⅲ.①意识-普及读物 Ⅳ.①B842.7-49

中国国家版本馆 CIP 数据核字（2023）第 214888 号

意识：心智的基本奥秘
[美]安娜卡·哈里斯　著
杨晨　译
Yishi：Xinzhi de Jiben Aomi

出版发行	中国人民大学出版社		
社　　址	北京中关村大街31号	邮政编码	100080
电　　话	010-62511242（总编室）	010-62511770（质管部）	
	010-82501766（邮购部）	010-62514148（门市部）	
	010-62515195（发行公司）	010-62515275（盗版举报）	
网　　址	http://www.crup.com.cn		
经　　销	新华书店		
印　　刷	北京宏伟双华印刷有限公司		
开　　本	890 mm×1240 mm　1/32	版　次	2024年1月第1版
印　　张	4.625 插页 2	印　次	2024年1月第1次印刷
字　　数	59 000	定　价	45.00元

版权所有　侵权必究　　印装差错　负责调换